互联网背景下农业灌溉工程技术与实践研究

楚万强　著

黄河水利出版社

·郑州·

内 容 提 要

本书共分八章,以互联网为背景,全面系统地阐述了农业灌溉工程的相关技术与应用实践,注重理论与实际相结合,具体内容包括农业灌溉工程技术基础研究、农作物需水量与灌溉用水量研究、农业灌溉中喷灌工程技术研究、农业灌溉中微灌工程技术研究、农业灌溉中渠道防渗工程技术研究、农业灌溉渠道系统研究、农业灌溉自动化控制系统研究、农田智能节水灌溉系统实践研究。

本书可供从事农田水利工程、灌区管理、水利工程规划设计等工程技术人员使用,也可供高等院校相关专业师生学习参考。

图书在版编目(CIP)数据

互联网背景下农业灌溉工程技术与实践研究/楚万强著. —郑州:黄河水利出版社,2022.6
ISBN 978-7-5509-3308-8

Ⅰ.①互⋯　Ⅱ.①楚⋯　Ⅲ.①农业灌溉-工程技术
Ⅳ.①S275

中国版本图书馆 CIP 数据核字(2022)第 091429 号

组稿编辑:王路平　电话:0371-66022212　E-mail:hhslwlp@163.com
　　　　　陈俊克　　　　　66026749　　　　　hhslcjk@126.com

出 版 社:黄河水利出版社　　　　　　　　　网址:www.yrcp.com
　　　　地址:河南省郑州市顺河路黄委会综合楼 14 层　邮政编码:450003
发行单位:黄河水利出版社
　　　　发行部电话:0371-66026940、66020550、66028024、66022620(传真)
　　　　E-mail:hhslcbs@126.com
承印单位:河南新华印刷集团有限公司
开本:787 mm×1 092 mm　1/16
印张:11
字数:260 千字
版次:2022 年 6 月第 1 版　　　　　　　　　印次:2022 年 6 月第 1 次印刷

定价:90.00 元

前　言

　　水是生命之源、生产之要、生态之基。随着全球水资源供需矛盾的日益加剧,合理利用水资源、提高水的利用率,成为世界各国迫切需要解决的问题。

　　随着农业水资源利用形势的日益严峻,我国将农业节水灌溉作为缓解缺水压力、控制面源污染、保障粮食作物安全、促进社会经济可持续发展的重要举措,在制度政策方面提出了更高的要求,从全局和战略的高度,强调了农业水资源管理的紧迫性和重要性。党的十八大以来,党中央着眼于生态文明建设全局,明确了"节水优先、空间均衡、系统治理、两手发力"的治水思路。将互联网与农业生产结合,主要优点包括基于可用的水供应制订农田的灌溉计划;最小化人力成本、管理成本与时间成本;提前预测水涝等自然灾害,通过适当的抽水,防止农田被破坏;协调农业生产的各个环节。

　　本书共分八章,以互联网为背景,全面系统地阐述了农业灌溉工程的相关技术与应用实践,注重理论与实际相结合,具体内容包括农业灌溉工程技术基础研究、农作物需水量与灌溉用水量研究、农业灌溉中喷灌工程技术研究、农业灌溉中微灌工程技术研究、农业灌溉中渠道防渗工程技术研究、农业灌溉渠道系统研究、农业灌溉自动化控制系统研究、农田智能节水灌溉系统实践研究。

　　由于作者水平有限,书中难免有不当之处,欢迎广大读者批评与指正。

作　者

2022 年 2 月

目　录

第一章　农业灌溉工程技术基础研究

第一节　农业灌溉排水工程技术的服务对象和基本内容分析

一、农业灌溉排水工程技术的服务对象

当前,我国水资源短缺的形势十分严峻,人均水资源量为 2 200 m³,仅为世界平均水平的20%,是全球人均水资源最贫乏的国家之一。农业用水约占全国用水总量的62%,部分地区达90%以上,农业是第一用水大户,节水潜力很大。大力发展节水农业、推广节水灌溉、建设节水型社会是我国一项长期的基本国策。解决水资源危机问题,要从开源与节流两方面入手:一方面要抓紧跨流域调水的规划设计工作,从根本上改变水资源分布不均的局面;另一方面要在节流上下功夫。我国在水资源的利用上还有巨大的潜力可挖。不少灌区,尤其是北方灌区,由于灌水量偏大,净灌水定额在 150 mm 以上,有些甚至高于 300 mm。这是渠道渗漏严重,加上管理不善等造成的,自流灌区灌溉水有效利用系数仅 0.4。换句话说,每年经过水利工程引、蓄的 4 000 多亿 m³ 水量中,约有60%是在各级渠道的输、配水和田间灌水过程中渗漏损失掉的。水量损失引起灌区地下水位的升高和土壤盐碱渍害,从而导致农业减产,并恶化了灌区生态环境。采用科学的用水管理办法、推广节水灌溉技术,对缓解我国水资源供需矛盾将起到重要的作用。若将全国的灌溉水有效利用率平均提高10%~20%,则按 2016 年全国农业用水总量 3 870 亿 m³ 估计,每年可节约水量380 亿~ 770 亿 m³。

灌溉排水工程技术是调节农田水分状况和改善地区水情变化,科学合理地运用有效的调节措施,消除水旱灾害,合理利用水资源,服务于农业生产和生态环境良性发展的一门综合性科学技术。在英、美等国称为灌溉与排水,而俄罗斯则称为水利土壤改良。

灌溉排水工程技术的研究对象主要包括以下两个方面。

(一)调节农田水分状况

农田水分状况一般指田间土壤水、地面水和地下水的状况及其相关的养分、通气和热状况。田间水分不足或过多都会影响作物的正常生长和产量。调节农田水分状况的水利措施一般可分为以下两种:

(1)灌溉措施:人工补充土壤水分以改善作物或植物生长条件的技术措施。

(2)排水措施:将农田中过多的地表水、土壤水和地下水排除,改善土壤的水、肥、气、热关系,以利于作物生长的人工措施。

(二)改善和调节地区水情

随着农业生产的发展和需要,人类改造自然的范围越来越广,田间水利措施不仅限于改善和调节农田本身的水分状况,而且要求改善和调节更大范围的地区水情。

地区水情主要是指地区水资源的数量、分布情况及其动态。改变和调节地区水情的措施,一般可分为以下两种:

(1)蓄水保水措施。通过修建水库、布置河网和控制利用湖泊、地下水库以及大面积的水土保持和田间蓄水措施,拦蓄当地径流和河流来水,改变水量在时间上(季节或多年范围内)和空间上(河流上下游之间、高低地之间)的水分分布状况,通过拦蓄措施可以减小汛期洪水流量,避免暴雨径流向低地汇集,可以增加枯水期河水流量以及干旱年份地区水量储备。

(2)调水排水措施。主要通过引水渠道使地区之间或流域之间的水量互相调配,从而改变水量在地区上的分布状况。用水时期采用引水渠道及取水设备,自水源(河流、水库、河网、地下水库)引水,以供需水地区用水。我国修建的南水北调工程就是调水工程的典型例子。

二、灌溉排水工程技术的基本内容

灌溉排水工程技术的基本内容包括:分析和确定作物的需水规律和需水量,灌溉用水过程和用水量的确定;灌溉方法和灌水技术的确定;我国水资源在农业方面的合理利用,水源的取水方式;输水渠道(或管道)工程的规划布置及设计。

灌溉研究的内容可以概括为水源工程、输水工程以及田间工程的规划设计、施工和管理。排水技术的主要内容有:分析产生田间水分过多的原因及采用相应的排水方法,田间排水工程的规划设计,排水输水沟道工程的规划设计、施工、管理和承纳排水工程排出水量的承泄区治理技术。

灌溉排水是通过调节土壤水分状况,以满足作物生长需要的适宜水分状况的措施,在调节土壤水分状况的同时可以起到调节田间小气候和调节土壤的温热、通气、溶液浓度等作用。例如,夏季灌水可以起到降温作用,冬季灌水可以起到防冻作用,盐碱地冲洗灌水可以使土壤脱盐,降低土壤盐溶液浓度,使排水后土壤的自由孔隙度增加,改善土壤的通气状况,有利于作物根系的呼吸,对好气性细菌活动有利,可以使有机质分解为无机养料,便于作物吸收利用。因此,灌溉排水是提高作物产量和改良土壤的重要工程措施。

世界各国的灌溉排水实践证明,科学的灌溉排水能使作物产量成倍增长,在相应的农业技术措施配合下可以改良土壤,不断地提高土壤肥力。但是,不合理的灌溉排水也会引起土壤恶化,甚至产生一些不利的生态环境问题。

第二节　我国农田水利事业发展研究

农田水利工程是以农业增产为主要目的的水利工程设施。我国称为农田水利工程,英、美等国称为灌溉与排水工程,俄罗斯等国称为水利土壤改良。1999年,中国开始使用灌溉排水工程这个名称。

灌溉排水的根本任务是通过兴建和运用各种水利工程措施,调节和改善农田水分状况及地区水利条件,促进生态环境的良性循环,使之有利于农作物的生长。

农田水利工程的主要内容包括灌溉工程、排水工程、农田防洪工程、水土保持工程、防止土壤盐渍化工程等。

一、中华人民共和国成立前我国的农田水利事业

农田水利具有悠久的发展历史,世界上的许多国家,特别是中国、古埃及、古印度等文明古国的发展,都展现了农田水利在农业发展和社会进步中的作用。据记载,我国在夏商时期已有了灌溉排水设施,水利事业受到历代治国者的重视,发展水利事业成为治国安邦的重要手段。

中国的农业发展史也是一部发展农田水利、克服旱涝灾害的斗争史。中华人民共和国成立以前,农田水利大致经历了六个发展过程:

(1)战国以前时期:以沟洫、芍陂为代表的水利工程。与奴隶社会相适应的农业生产方式是井田制,布置在井田上的灌排渠道称为"沟洫",规模较小。至周代,农田沟洫已成系统。当时还出现了人工蓄水的"陂池",即在天然湖沼洼地周围人工筑堤形成的小型蓄水池。代表工程有安徽省寿县的芍陂,相传公元前6世纪由楚令尹孙叔敖所建,灌溉面积已达万顷之多。

(2)战国至西汉时期:代表工程有都江堰、郑国渠、引漳十二渠等。从战国开始,农田水利工程蓬勃兴起,大型渠系工程取代了"沟洫"。从流域上看,分为以下几种:

①以都江堰为代表的长江流域灌溉工程。公元前3世纪,蜀守李冰主持修建了举世闻名的都江堰,工程建于岷江冲积扇地形上,为无坝引水渠系,该工程在科学技术上很有造诣,是古代灌溉系统中不可多得的典型。都江堰除了灌溉效益,还有防洪、航运、城市供水作用,促进了川西平原的经济繁荣。另外,战国末年湖北宜城的"白起渠",是陂渠串联式的长藤结瓜式灌溉工程,将分散的陂塘渠系串联起来,提高了灌溉保证率。

②以郑国渠为代表的黄河流域灌溉工程。关中平原上规模最大的郑国渠,是秦王政元年(公元前246年)由韩国水工郑国主持兴建的。它西经泾水,东经洛水,干渠全长300余里,灌溉面积4万余顷。另外,还有白渠、成国渠、龙首渠、智伯渠等。

③以引漳十二渠、坎儿井为代表的华北、西北地区灌溉工程。战国初年,今河北南部临漳一带,由魏国西门豹主持兴建的引漳十二渠,是有文字记载的最早的大型渠系。另外,尚有西汉时修建的太白渠,规模也很可观。坎儿井是新疆吐鲁番盆地一带引取渗入地下的雪水进行灌溉的工程形式,西汉时期已有记载。

(3)东汉至南北朝时期:代表工程有黄河流域的陂塘。这一时期,海河、黄河、淮河、长江、钱塘江等流域农田水利建设均有发展,其中,黄河流域的陂塘建设成就突出。

(4)唐宋时期:南方太湖圩田、北方农田放淤。这一时期社会获得较长时间的安定,水利事业发展迅速。江南水利也进步显著,如太湖圩田。北方有农田水利大规模放淤。在长江以南、钱塘江以北地区,流域内水系多,中间低四周高,这一时期修建了大量的圩垸,如围湖造田工程。

放淤肥田是以沉积含肥分的泥沙改进农田土质为主的浑水灌溉。北方的放淤肥田以北宋以后引黄河水放淤为代表,至今流行于民间。

(5)元明清时期:南方"两湖"(湖南、湖北)垸田和珠江三角洲围堤。这一时期农田水利工程在各地普遍兴修,著名的大型工程较少,成就突出的是江南地区。继太湖圩田

后,"两湖"垸田和珠江三角洲围堤迅速兴起。

(6)民国时期:西北地区泾、渭、洛惠渠,长江流域排水闸,黄河流域虹吸,海河流域拦河坝。这一时期引进西方先进的水利科学技术,兴建了一些新型灌区。西北地区以 20 世纪 30 年代在陕西兴建的几处大型灌溉工程最为著名,由李仪祉负责设计和施工的泾、渭、洛惠渠为代表。黄河下游以山东、河南几处的虹吸工程较有特色。海河流域以 1933 年兴建的滹沱河灌溉工程规模最大,有长 480 m 的拦河坝。长江中下游以几处排水闸较著名。东南沿海、西南、两广、东北地区也兴建了一些农田水利工程。

综上所述,我国的农田水利有着悠久的历史,历代劳动人民积累了很多"兴水利、除水害"的经验。但总的来说,在中华人民共和国成立以前,农田水利事业发展比较缓慢。灌溉排水工程大多为灌溉保证率较低的小型工程,除涝、排水工程更加薄弱,因而农田水旱灾害频繁。

二、中华人民共和国成立后我国的农田水利事业

中华人民共和国成立后,经过大规模的农田水利基本建设,我国农田水利工程的数量、效益面积和抗御水旱灾害的能力都有很大提高。截至 2018 年底,全国已建成流量 5 m³/s 及以上的水闸 104 403 座,其中大型水闸 897 座。按水闸类型分,分洪闸 8 373 座,排(退)水闸 18 355 座,挡潮闸 5 133 座,引水闸 14 570 座,节制闸 57 972 座,水闸规模和结构进一步完善。

中华人民共和国成立之初,全国仅有低标准的农田灌溉面积 2.4 亿亩,主要靠小塘、小堰蓄水和简易工程引水,以及人力、畜力、风力提水,保证率很低。截至 2020 年底,全国节水灌溉面积达到 5.67 亿亩,其中喷灌、微灌、管道输水灌溉等高效节水面积达到 3.5 亿亩,全国农田灌溉水有效利用系数达到 0.565,超过了"十三五"国民经济和社会发展规划纲要提出的目标。

农田水利事业的发展,提高了农业抗御水旱灾害的能力,促进了农业生产的发展。南方很多地方水稻从一年一熟改为一年两熟、一年三熟,北方一些从来不种水稻的地方也在大面积地种植水稻。由于有了灌溉保证,北方冬小麦和棉花的播种面积成倍增长。过去的一些低产田,通过治理变成了旱涝保收、高产稳产的农田。全国南、北各地已出现了不少粮食亩产超过千斤的县、市。黄淮海平原在历史上是旱涝碱重灾区,经过多年治理,大部分地区变成了"米粮仓"。农田水利的发展对促进林牧渔业的发展、改善农村生活条件和生态环境、繁荣农村经济也起到了重要作用。

(一)节水灌溉

近几十年来,我国在节水灌溉技术的研究推广、节水灌溉设备的开发生产、节水示范工程的建设、节水灌溉服务体系的建立等方面做了大量工作,积累了一定的经验,取得了显著的成绩。在多年的实践探索中,各地摸索总结出了一套各具特色的节水灌溉技术与方法,包括各种渠道防渗和管道输水技术;适合小麦、玉米等大田使用的管式、卷盘式、时针式移动喷灌,以及常规的土地平整沟畦灌;适合棉花、蔬菜和果树等经济作物使用的滴灌、微喷灌、膜下滴灌、自压滴灌、渗灌等技术;南方水田的控制灌溉技术和田园化建设;西北干旱、半干旱地区的雨水集流、窖水滴灌技术;东北、西北等干旱地区的"坐水种""旱地

龙"保水剂等抗旱措施。

节水灌溉在全国的迅速推广普及,取得了显著的经济效益和社会效益:

(1)有效地挖掘了现有水资源的潜力,缓解了干旱缺水对灌溉发展的制约。全国农田灌溉定额已由 1980 年的 583 m^3/亩❶降到目前的约 500 m^3/亩。

(2)促进了农业增产、农民增收。节水灌溉不仅节水,还具有节地、节能,省工、省肥,增产、增收等多方面效益。北京市顺义区实现喷灌化后,土地实播率提高 20%,省工 55%;相应地减少了平整土地、清淤渠道和修筑畦、埂的工作量。河北省三河市发展节水灌溉前,每亩灌溉用工 4.1 个,现在使用喷灌后,只需 0.85 个工,全年省工 96 万个。东北地区玉米平均亩产为 366 kg,喷灌后一般亩产可达 750 kg,好的可达 1 000 kg。广西推广水稻"薄、浅、湿、晒"节水灌溉技术后,每亩可增产 25 kg,节水 100 m^3。

(3)为"两高一优"(两高是指推动高质量发展,创造高品质生活;一优是指坚持生态保护优先。)和现代化农业发展创造了条件。节水灌溉使粮田变成无埂、无渠、无沟的"三无田",实现了大面积的平播,提高了农机作业效率,便于统一耕作、统一播种、统一灌溉、统一管理、统一施肥、统一收割,提高了农业机械化水平和集约化程度,促进了农业现代化的发展。如黑龙江的松嫩平原,过去一般一年只种 1 季粮,现在农民一年可以种 2~3 季(1 季粮食、1 季蔬菜或 2 季蔬菜),创出了 1 亩地"1 吨粮、2 吨菜,一年收入 3 000 块"的佳绩。

(4)保护了生态环境,带动了相关产业的发展。节水灌溉防止了因渠道渗漏和大水漫灌造成的土壤次生盐碱化,减少了地下水的过量开采和引水,保护了生态环境。目前,全国节水灌溉设备生产厂家已从几十家发展到 200 多家,年销售额达到 50 多亿元,同时还带动了其他相关行业的发展。近 3 年来,全国开展了 300 个节水增产重点县建设,建成了 200 多个高标准节水增效示范区和 10 个国家级节水示范市,全国共投入节水灌溉资金 250 亿元,发展节水灌溉工程面积 8 450 万亩,水稻节水灌溉等非工程节水面积 13 亿亩;取得了年节水 150 亿 m^3,增加粮食生产能力 230 亿 kg 的显著效益。

(二)灌区建设

经过几十年大规模的农田水利建设,灌溉事业有了很大发展。在灌溉工程中,大中型灌区是主力军。大中型灌区土地肥沃,农业生产条件好,灌溉保证率高,抵御干旱的能力强,农业产量高,是我国粮棉油菜的主要生产基地。

此外,国有大中型灌区不仅担负着农田灌溉任务,而且还担负着向城镇乡村和工矿企业供水的任务。

(三)机井建设

机井建设的成就主要表现在以下几个方面:

(1)发展了农业灌溉,促进了农业高产稳产。北方 17 个省(自治区、直辖市)、1 200 多个县(旗)都先后开展了打井、开发利用地下水的工作,对改变北方地区农业生产面貌、促进农业增产起到了重要作用。

(2)改善和开辟了缺水草场,发展了牧区水利。北方地区建成供水基本井数千眼,加

---

❶　1 亩 = 1/15 hm^2,下同。

上其他小型水利设施,改善供水不足草原和开辟无水草原超 10 万 km²,为牧业发展创造了条件。

(3)解决了部分地区人畜饮水困难的问题。在长期缺水的山丘区、牧区、黄土塬区和地方病区,通过打井、开发利用地下水,解决了约 1 亿人和大批牲畜的饮水困难,同时发展了农田灌溉,许多地方结束了"滴水贵如油,年年为水愁"的历史。

(4)促进了农业机械化和农村电气化建设。几十年来的机井建设,增加了提水动力,相应地增加了输变电线路,大大改善了打井地区发展农业、工副业和多种经营的条件。

(四)泵站建设

几十年来,全国共建设了一大批机电排灌泵站。到 2004 年年底,全国就已建成固定排灌泵站 50 余万座,配套机井 418 万眼,各种农用水泵 593 万台。全国泵站灌排总效益面积达 5.3 亿亩,其中灌溉面积 4.68 亿亩,排涝面积 0.62 亿亩。

泵站工程建设因地制宜,合理布局。大江大河下游,如长江、珠江、海河、辽河等三角洲以及大湖泊周边的河网圩区,地势平坦,低洼易涝,河网密布,主要发展了低扬程、大流量,以排为主、灌排结合的泵站工程;在以黄河流域为代表的多泥沙河流,主要发展了以灌溉供水为主的高扬程、多级接力提水泵;丘陵山区蓄、引、提相结合,合理设置泵站,与水库、渠道串联,以泵站提水解决地形的高低变化复杂、地块分布零散的问题。

几十年来,排灌泵站在抗御洪涝干旱灾害、改善农业生产条件、建设高产稳产农田、跨流域调水、解决城镇供水等方面发挥着愈来愈重要的作用,取得了显著的经济效益、社会效益。

(五)农田排水

中国有易涝耕地 3.66 亿亩,盐碱地 1.15 亿亩,渍害田 1.15 亿亩,产量低且不稳,严重制约着农业生产的发展和人民生活水平的提高。中华人民共和国成立以来,国家十分重视涝渍、盐碱灾害的治理,发动群众对排水河道进行清淤拓宽,修建了大量的田间排水工程,建成固定排灌泵站 50 万座,对渍涝盐碱中低产田进行了有效治理。截至目前,全国已不同程度地治理易涝耕地 3.08 亿亩,盐碱耕地 8 418 万亩,渍害田 5 000 多万亩。

排涝、改碱、治渍效果十分明显。治理后粮食亩产增幅一般在 100 kg 以上。仅 1996 年、1997 年、1998 年三年通过农田排涝,使约 3 亿亩农作物避免或减轻了涝灾损失,排涝减灾效益达 800 多亿元。黄淮海平原历史上是旱涝碱重灾区,粮食长期靠调入,经过多年治理,大都变成了"米粮仓"。开封市对黄河故道的 250 万亩旱涝沙碱低产田实行综合治理,粮食产量比治理前增产 46%。

治理渍涝盐碱中低产田的环境效益和社会效益也十分明显。通过除涝、改碱、治渍工程设施,改善了土壤生态环境,促使其向良性循环方向发展,为稳产、高产创造了适宜条件。结合农田林网建设,种树绿化,防风固沙,对改善田间小气候起到了重要作用。结合开沟挖河,畅通水流,改善水质,对改善生活条件和生存环境都有重要作用。

(六)雨水集蓄利用

雨水集蓄利用的最初做法,是干旱缺水山区的老百姓为解决饮水困难,在房前屋后修窖、挖池、筑塘,集蓄雨水。1995 年,甘肃省做出决定,开展"121"集雨工程建设,即每户修建 100 m² 的集雨场,打 2 眼水窖,采用节水灌溉的办法,发展 1 亩庭院经济,取得了良好效果。此项工作很快扩展到全国 15 个省（自治区、直辖市）。

随着集雨节灌的推广，集雨的方法由最初利用庭院、打谷场、屋顶集雨发展到在田野上用混凝土、三合土、塑料薄膜铺设的人工集雨场，以及利用公路路面、学校操场等集雨，也有利用天然洼地、山间小沟来集雨的；蓄水工程从水窖发展到旱井、水柜、水池、山平塘等多种形式；节水灌溉的方法，从最初的滴灌发展到移动滴灌、渗灌、小型喷灌以及能防止蒸发的膜下滴灌等多种方法。

集雨节灌的发展，取得了以下几个方面的显著效益：一是解决了干旱缺水山区水资源开发利用的难题，使许多农户告别贫困，走上了致富奔小康的道路。二是找到了干旱山区发展"两高一优"农业的新路子，集雨节灌不仅解决了水的问题，还实现了水资源的高效利用。与地膜覆盖、温室大棚结合起来，这就为"两高一优"农业的发展创造了条件。三是激发了群众发展生产、脱贫致富的积极性。按每亩田间节水灌溉设备投资 500 元计，与平原地区新发展一亩灌溉面积的投资相当，3~4 年就可收回成本。农民从地膜滴灌玉米、大棚瓜菜中尝到了甜头，看到了希望，坚定了信心，集雨节灌奔小康的积极性普遍高涨。

（七）农村水利改革

农村水利改革在以下三个方面也取得了新进展：

（1）小型水利设施管理体制和经营机制改革。在建立社会主义市场经济体制的新形势下，小型水利工程（小机井、小塘坝、小泵站、小水池、小渠道等）原来集体所有的管理体制与农村分户经营的模式不相适应。针对这种情况，黑龙江、山东、河南、陕西、河北、山西、四川等省积极推进小型水利工程管理体制和经营机制改革，通过"拍卖、租赁、承包、股份制及股份合作制"等方式，明确所有权、拍卖使用权、放开建设权、搞活经营权，盘活了存量资产，调动了工程所有者的积极性，实现了小型水利工程建、管、用和责、权、利的统一。

小型水利工程产权制度改革主要有以下四种形式：

①股份合作制。即把工程固定资产划分为若干股，将部分或全部股权出售。股东共同出资，共同劳动，既取得劳动报酬，又按股分红。这在新建工程和原有工程的改造中普遍采用。

②拍卖。拍卖是对工程的所有权和使用权实行公开竞价出售。小型水利工程的拍卖与其他资产的拍卖有所不同，是有条件地拍卖，一般来说，对规模小的工程拍卖所有权，对规模大的工程拍卖使用权。这在机井、塘坝等小型水利工程中普遍采用。

③承包。承包是在工程所有权不变的情况下，由承包方与发包方签订承包合同，承包方按发包方的意愿进行管理或经营，按合同规定向资产所有者缴纳承包费。这在小型水利工程中广泛采用。

④租赁。租赁是承包的继续和发展，偏重于经营和开发。承租者在不违背合同规定的情况下，可以改变资产经营方向。承租者在租赁期内独立进行经营，按合同缴纳租金，承租期满时应保证重新核定的资产达到合同规定值。这主要适用于配套差、管理不善、开发潜力大的水利工程。

全国约有小型水利工程 1 600 万处，已有 303 万处进行了产权制度改革，其中：实行股份合作制的小型水利工程有 43 万处;进行拍卖的小型水利工程有 38 万处;实行租赁的小型水利工程有 19 万处;进行承包的小型水利工程有 203 万处。

通过股份合作制、拍卖、承包、租赁等方式,对小型水利工程进行产权制度改革,使广大农民群众真正成为小型水利工程投资、建设和管理的主体,较好地解决了小型水利工程投资、建设和管理等方面存在的问题,调动了广大农民群众投资办水利的积极性,加快了小型水利工程的两个根本性转变。这项改革措施,为农村水利建设和管理注入了新的活力,对加强农田水利基础设施建设、优化产业结构、促进农村经济的快速发展具有极为重要的意义。

(2)灌区管理体制和经营机制的改革。灌区在进行续建配套和更新改造的同时,在管理体制改革和转换经营机制等方面也取得了新的进展。转换经营机制,就是在搞好农业灌溉服务的前提下,利用自身的水土资源优势,发展多种经营。在实行股份制、股份合作制及用水户参与管理和建立农民用水者协会方面获得了很多好的经验。

(3)农业灌溉水费改革。为了扭转农业灌溉水费偏低、价格背离价值的情况,很多省、市根据水利产业政策的要求,加大了农业灌溉水费改革的力度,出台了农业水费改革的政策,由按亩收费变为按立方米收费,逐步实现按成本计收水费。

(八) 农村水利服务体系建设

目前,全国农村水利服务体系已初步形成了包括乡镇水利管理站、工程专管机构和群众管水组织三个层次的农村水利服务网络,共有全民或集体性质的水利服务组织 4.6 万个,拥有人员 120 万人。此外,还有大量的群众性服务机构和人员。

根据其服务内容,大体上可分为专业技术服务组织、行政管理协调性机构、群众自我服务组织三种类型。

第一类是专业技术服务组织。这类组织目前全国共有 21 万个,拥有人员 106 万人,大都是县水利局的下属单位,属全民事业性质,技术力量较强,是农村水利服务体系中技术推广的"龙头"。主要任务是从事农村水利工程勘测设计施工,运行、维修、管理中型水利工程,引进、普及和推广水利水保技术,培训农民水利水保员。他们的经费主要来自水利事业费、水费及有偿服务收入。

第二类是行政管理协调性机构,即乡镇水利水保管理站。他们既是县水利局的派出机构,又是乡镇政府开展水利工作的参谋部门,是带有一定行政协调性任务的事业单位。其主要任务是协助上级水利部门完成辖区内水利工程的建设和管理,处理水事纠纷,开展小流域治理和监督,负责辖区内水利工程及机电设备的维修、养护,开展乡镇供水,推广先进灌溉排水及水土保持技术等。经费来源主要靠水费收入、多种经营收入以及财政补贴等。

第三类是群众自我服务组织。主要有村水利服务队、抗旱服务队、打井队、管井员、护堤员、放水员等。其成员绝大部分是农民,他们通常季节性地组织起来完成水利建设和救灾中的一些具体工作。

多年来,农村水利服务组织围绕促进农业高产稳产,改善农村生产条件,帮助农民脱贫致富等方面做了大量工作。一是为大规模的农田水利基本建设提供良好的技术服务。二是维护管理现有的大量的小型水利工程,使其效益得到进一步发挥。三是促进科学技术在农田水利工程中的应用。四是解决人畜饮水困难,发展乡镇供水,改善农民生活条件,提高农民健康水平。五是为治理水土流失、加快贫困山区农户脱贫做出贡献。

三、存在问题

我国农田水利事业得到长足发展,取得了举世瞩目的成就,为我国农业和农村经济的发展做出了重大贡献,但也存在一些问题,主要是:

(1)抗灾减灾能力低。目前,我国部分耕地没有灌排设施;已有灌排设施的耕地中,抗灾减灾能力也不强。农业生产仍受制于天,农业"靠天吃饭"的状态未得到根本性改变。

(2)农业用水紧张。经济高速发展,工业用水和生活用水明显增加,非农业用水大量挤占农业用水,使原来就比较紧张的灌溉用水显得更为短缺,已影响到农业的可持续发展。

(3)灌排工程效益衰减。我国大部分灌排工程是20世纪60~70年代兴建的,经过10多年运行,20世纪80年代整体进入老化期。20世纪80年代以后,国家和整个社会投资出现非农化的倾向,农田水利投资严重不足,工程效益衰减。

(4)农田水利改革还没有突破性进展。农村水利改革滞后,传统的农村水利运行机制、管理体制仍占主导地位,农村水利事业缺乏生机与活力。

四、工作方向

(一)坚持不懈地开展农田水利建设

21世纪农田水利建设,在目标上,由改变农业生产条件转变为既改善农业生产条件又改善生态环境;在发展动力上,要由政府行政推动转变为行政手段与经济手段相结合;在施工方式上,要由"人海战术"转为人机结合,以机为主;在投入上,要由以政府投资、群众投劳变为以受益者投资为主,政府扶持为辅。

21世纪农田水利建设的重点,在东南沿海、长江三角洲、珠江三角洲、胶东半岛以及大中城市周边,由过去开沟挖渠,努力改善农业生产条件,转变为以农田现代化园区建设为重点,着力改变生存环境。在黄淮海、西北、东北广大平原区,大力发展节水灌溉。在坡陡谷深的广大山丘区,要发展蓄雨节灌,缓解严重缺水对农业生产的制约。

(二)加快农田水利改革

(1)明确改革目标。农村水利改革从远期看是要建立起与社会主义市场经济相适应的管理体制和运行机制,促进农田水利事业健康发展。就近期而言,在体制上,要切实解决目前工程所有者主体不明、管理责任不落实、工程效益衰减的问题,建立起职责明确、监督有效的水管理体制。在机制上,通过改革形成自行筹资、自行建设、自主经营、自定水价、自我还贷的发展机制。

(2)搞好灌排工程经营体制的转换。按照先小后大、先易后难的原则,先抓试点,而后循序渐进,力求实效。

(3)抓好农村水利行业管理体制改革,要做好三项工作。第一,进行投资改革,增加农水资金筹集、使用、管理上的透明度,接受群众监督,防止在多种经营成分并存阶段农水经费投向上的不合理。第二,推进水资源管理的改革,实行水资源所有权与使用权的分离,在水资源所有权不变的前提下,允许水资源使用权在一定条件下的有偿转让与流通。第三,转变水行政主管部门职能。弱化经营职责,强化管理职能,做好监控、服务、协调等工作。可以预见,到 2030 年,我国农村水利管理体制改革将取得突破性进展。

(三)加强农田水利队伍建设

要完善农村水利组织结构。减少农村水行政机构和从业人员,进一步提高办事效率。重组专业技术服务组织,建立起平等的合作关系。专业技术服务组织与专业服务组织之间的联系要由行政联系占主导,变成经济、技术合作占主导,形成新的合作网络,促进群众性水利合作组织的发展。

要努力提高人员的技术业务素质。根据农村水利不同工作岗位的特点,水行政主管部门与有关部门合作,加大培训力度,努力建设一支高素质的农村水利从业队伍。

(四)加大农村水利科研与技术推广力度

加强科研,建立起与灌排大国相适应的科研体系。国家要加大对农田水利科研的投入力度,重点用于基础理论的研究和重大技术的开发利用,农田水利科研投入应与水利总经费挂钩。地方也要保证本地重点研究的经费,鼓励有实力的灌排单位出钱出物支持研究开发和技术创新。

农田水利科研的本身也应进行一些调整,研究的重点应转移,在继续工程技术研究的同时,更多关注农田水利热点、难点问题,多搞一些前瞻性研究、宏观研究,为工程管理和行政决策出思路,想办法。

进一步加强科研成果的应用和推广,有计划、有重点、有步骤地推广应用一批新技术、新工艺、新材料,提高水利科技成果转化率。

五、农田水利工程地区性的特点和治理措施

在不同的国家或同一个国家的不同地区,由于自然条件和经济条件的差异,其水旱灾害产生的原因、危害程度以及采取的防治措施也有所不同。

我国由于受季风气候的影响,降水和径流在时间上和空间上分布很不均匀。在空间上,年降水量由东南沿海向西北内陆依次递减。东南湿润且水量充足,西北干旱而水源短缺。以淮河为界,秦岭山脉和淮河以南统称南方,年降水量 800~2 000 mm;北方年降水量小于 800 mm。北方属于干旱、半干旱地区,降水年际变化很大,有连续的枯水年和丰水年出现的特点,且大部分地区夏秋多雨易产生洪涝灾害,春冬少雨而易出现干旱。对此,我国的农田水利工程措施应因地制宜,一般情况下,南方以防洪除涝为主,灌溉、排渍、治碱等综合治理;北方以灌溉为主,防洪、除涝、治碱、水土保持等综合治理。

第三节　　互联网背景下我国农业信息化发展研究

生产发展是新农村建设的基础,而实现生产发展就必须发展现代农业、信息农业,这是努力实现粮食增产、农民增收和农业多功能发展目标的必经之路,也是实现生活富裕、乡风文明、村容整洁、管理民主的重要基础。实现农业信息化,不仅关系农业的发展、农村

的进步、农民的富裕,也关系整个社会的发展进步、人民生活水平的提高。

发达国家的实践对我们有非常明确的启示:在保障本国基本农产品有效供给、稳定本国的经济社会发展、应对国际竞争、建设现代化国家的进程中,农业现代化是重中之重,农业信息化具有必然性。可以说,信息农业建设进程快慢、成果大小,决定着新农村建设的进展和成效。对于一个拥有14多亿人口的发展中国家而言,实现农业现代化和农业信息化无疑是具有重要历史意义的最大民生工程。

一、农业信息化的特点

农业信息化的发展特点主要有三个方面。

第一,农业信息化的发展依赖于农村信息基础的建立和投入。农业信息化的发展需要加速农业信息网络建设;加快建设农业信息网络,完善全方位为"三农"服务的体系;发挥国家投资主渠道的作用,各级地方政府及农业部门应加大投入,建立区域网、局域网、县(市、区)网站、乡镇信息服务机构,与国内主干网、农业主干网、互联网接轨,形成全面、高效、高质为"三农"服务的网络体系。

第二,农业信息化的发展是不均衡的,这就要求农业信息化的发展需要根据全国农业信息分布和农业信息部门的发展情况,合理规划农业信息化发展的近期目标、中期目标、长期目标。农业信息化需要因地制宜,建成一批具有相当规模的、适宜实用的、能定期更新的全国性、公益性的农业信息化基础数据库、核心数据库和农业科技数据中心群,发挥战略数据库的作用。通过大力建设农业信息数据库,搞好集成,最大地发展农业信息资源的优势。

第三,农村信息化是多网覆盖和多种高科技技术结合的复合型项目。农村信息化以农村实际需求为核心,整合和集结互联网、公共电话网、无线寻呼网、广播电视网(含有线网)、卫星网等多种方式和信息资源,形成系统的、整体的、综合的农业信息服务体系,实施资源共享、优势互补、智能型、节约型、效率型的信息服务。同时,传统农业主要依赖资源的投入,而信息化农业则和不断发展的其他新技术结合相关,这包括生物技术、耕作技术、节水灌溉技术等农业高新技术。新技术的应用使现代农业的增长方式由单纯地依靠资源,转到主要依靠提高资源利用率和可持续发展能力的方向上来。

总的来看,信息化农业能够改变传统农业的基本面貌,使得农业具有新的内涵、功能和定位。可以说,从传统农业到现代农业的转变是实现农业信息化的必然要求,也是整个经济社会现代化不可或缺的部分。

二、农业信息化发展的难点

多年来,我国国家各级领导非常关心农业信息化问题。然而,在人增、地减、水减的情况下,要继续发挥农业对国民经济的支撑作用,难度越来越大,农业仍然是国民经济中最薄弱的环节,因此实现现代化农业是一项长期而艰巨的系统工程,信息化农业是其中不可或缺的一环。总体而言,我国农业生产呈现着强地域性、组织分散性、时空多变性和信息封闭的特征。正是我国南北气候差异、东西地形各异,以及东中西不同地区的经济发展水平也不一致,因此在不同地区形成了不同的作物生产带,在不同的作物生产带收获的农产品,除了供本地消费,更多的会在全国,甚至全球范围内流通。随着人们对健康和绿色食品关注度的提高,如何保障绿色和安全的生产、加工和运输,如何实现高效率和可持续的农业发展,都需要农业信息化技术的支撑,这其中面临着众多的困难。

第一,农业信息化面临的问题是农业基础设施薄弱,农民稳定增收依然困难,农村社会事业发展依然滞后,城乡经济社会发展失衡、差距继续拉大等基本状况。由于我国人均占有农业资源的水平低(世界人均耕地约 3.1 亩,而中国人均耕地约 1.5 亩),中国人均耕地面积在 195 个国家中排名第 118 名。农业资源承载的压力很大。此外,随着城市化进程的加快,更多的农村劳动力正在逐步转移,从事农业生产的人员数量逐年降低。综合来看,由于我国农业劳动生产率低、资源稀缺,综合利用率低且存在资源逆向流动,近 10 年来,我国粮食生产成本以平均每年 10% 的速度递增,小麦、大米、玉米、大豆、高粱、大麦等价格均已高于国际市场价格。更严重的是,农业生产条件和基础设施薄弱,信息化推广缺乏硬件基础,现代化程度弱,抗御自然灾害的能力低,每年受灾面积为 1 500 万 ~ 3 000 万 hm^2,进一步导致了农业丰产增收的难度加大。

第二,农业基层从业人员科技素质以及科技生产手段仍然较为落后。据农业部统计,在我国 4.9 亿农村劳动力中,高中以上文化程度的仅占 13%,接受过系统农业职业技术教育的不足 5%。农业信息员队伍数量不足、素质不高、利用不够,信息资源开发程度低,服务形式单一、手段落后。农业的物质技术装备程度低,多数地区停留在手工劳动阶段。农村教育落后,文盲半文盲还在不断增加,科技人员不足且在不断流失,科技手段落后,科学技术在农业增长中的贡献仅为 30% 左右,远低于发达国家 60% ~ 80% 的水平。信息化农业最终要靠有文化、懂技术、会经营的新型农民,才能更好地接受信息化带来的信息,并将这些高新技术运用到生产实践中去。相对偏低的农民素质带来了农业信息化软件功能的不完善,必然是发展农业信息化的瓶颈。

第三,农业科技研发能力和推广力度与国外相比还有所欠缺。目前,国家重视农业信息化的发展,但是对农业信息化的研发能力和推广力度不足。中国农科院的专家测算,对农业科技每 1 元钱的投入,回报是 9.59 元。当前,加快完善基层农业技术研发和推广体系十分关键。要不断增加现代农业科研专项,支持重大农业科技项目,加强国家基地、区域性农业科研中心建设。继续增加农业科技成果转化和推广投入,建立乡村级农民技术员队伍,树立科技示范农户,组织培训农民,引导农业科技新成果进村入户。高度重视土地、水及环境等方面先进适用技术的推广应用,走高产、优质、高效和可持续的农业发展道路。

三、我国农业发展的巨大潜力

尽管我国农业受到国际国内双重竞争压力,但挑战与希望同在,前景仍然是光明的。

(一)耕地资源的后备潜力巨大

我国现有耕地 3 500 万 hm^2,其中 1 470 万 hm^2 可开垦为耕地。如果以每年开发复垦 30 万 hm^2 计算,可以弥补同期耕地占用,加上复种指数的提高,农业用地稳定在 13 亿亩是有保障的。

（二）耕地的单产潜力巨大

虽然 1990 年我国粮食单产就高出世界平均水平的 54%，但在目前条件下，主要粮食作物的单产仍然具有巨大潜力。林毅夫通过大量实证研究认为，未挖掘的潜力一般相当于现有实际单产水平的 2~3 倍。我国有 2/3 的中低产田通过改造能使单产大幅度提高，今后 50 年只要单产年均递增 1%，就可以达到预期的粮食总产量目标。

（三）科技投入尚有巨大潜力

目前，科技在农业增产中的贡献率约为 35%，随着科教兴农战略的深入实施，科技贡献率达到 50%，粮食产量可以再上新台阶，农业经济效益提高到能获得平均利润水平，城乡收入差距进一步缩小。

（四）食品多样化生产有广阔天地

中国有 675 万 hm^2 内陆养殖水面，200 万 hm^2 近海养殖水域，3.9 亿 hm^2 草场，发展水产、畜禽大有余地，占国土面积 70% 的山区有着丰富的木本粮油资源，实现食品多样化替代粮食消费有广阔的选择空间。

（五）节约粮食更有巨大潜力

中国粮食在种、收、运、储、销、加工方面的现代化手段不足，存在严重浪费，粮食消费结构也很不合理，如能在上述环节中将粮食损失减至合理范围，就相当于能增加 2 000 万 t 粮食供给能力。

（六）教育投入潜力巨大

政府正在坚定不移地执行科教兴农和可持续发展战略，有足够的信心和决心解决我国农业滞后的问题。

通过信息化技术的发展和政策的合理引导，我国农业的潜力将会得到释放，为国民经济的发展做出更大的贡献。

第二章　农作物需水量与灌溉用水量研究

第一节　农田水分状况研究

一、农田水分存在的形式

农田水分存在三种基本形式,即地面水、土壤水和地下水,而土壤水是与作物生长关系最密切的水分存在形式。

土壤水按其形态不同,可分为固态水、气态水、液态水三种。固态水是土壤水冻结时形成的冰晶;气态水是存在于土壤孔隙中的水汽,有利于微生物的活动,对植物根系有利,由于数量很少,在计算时常略而不计;液态水是蓄存在土壤中的液态水分,是土壤水分存在的主要形态,对农业生产意义最大。在一定条件下,土壤水可由一种形态转化为另一种形态。液态水按其受力和运动特性可分为吸着水、毛管水、重力水三种类型。

(一) 吸着水

吸着水包括吸湿水和膜状水。吸湿水是指土壤孔隙中的水汽在土粒分子的吸力作用下,被吸附于土粒表面的水分。它被紧束于土粒表面,不能呈液态流动,也不能被植物吸收利用,是土壤中的无效水。当空气相对湿度接近饱和时,吸湿水达到最大,此时的土壤含水率称为吸湿系数。不同质地土壤的吸湿系数不同,吸湿系数一般为 0.034%~6.5% (以占干土质量的百分数计)。

当土壤含水率达到吸湿系数后,土粒分子的吸引力已不能再从空气中吸附水分子,但土粒表面仍有剩余的分子吸引力。这时,若再遇到土壤孔隙中的液态水,就会继续吸附,并在吸湿水外围形成水膜,这层水膜叫膜状水。膜状水吸附于吸湿水外部,只能沿土粒表面进行速度极小的移动,只有少部分能被植物吸收利用,通常在膜状水没有完全被消耗之前,植物已呈凋萎状态。作物下部叶子开始萎蔫时的土壤含水率,叫作初期凋萎系数,若此时补水充分,作物的叶子又会舒展开来。植物产生永久性凋萎时的土壤含水率,叫作凋萎系数。全部吸湿水和部分膜状水,是可利用水的下限。凋萎系数不仅取决于土壤性质,而且与土壤溶液浓度、根毛细胞液的渗透压力、作物种类和生育期有关。凋萎系数难以实际测定,一般取吸湿系数的 1.5~2 倍作为凋萎系数的近似值。膜状水达到最大时的土壤含水率,称为土壤的最大分子持水率。它是土壤借分子吸附力所能保持的最大土壤含水率,包括全部的吸湿水和膜状水,其值为吸湿系数的 2~4 倍。

(二) 毛管水

土壤借毛管力作用而保持在土壤孔隙中的水叫作毛管水,即在重力作用下不易排除的水分中超出吸着水的部分。毛管水能溶解养分和各种溶质,较易移动,是植物吸收利用的主要水源。依其补给条件的不同,可分为悬着毛管水和上升毛管水。

悬着毛管水是指不受地下水补给时,由于降雨或灌溉渗入土壤并在毛管力作用下保持在上部土层毛管孔隙中的水。悬着毛管水达到最大时的土壤含水率称为田间持水率。它代表在良好的排水条件下,灌溉后土壤所能保持的最高含水率。在数量上,它包括全部吸湿水、膜状水和悬着毛管水。灌水或降雨超过田间持水率时,多余的水便向下渗漏,因此田间持水率是有效水分的上限。生产实践中,常将灌水 2 d 后土壤所能保持的含水率作为田间持水率。

上升毛管水是指地下水沿土壤毛细管上升的水分,毛管水上升的高度和速度与土壤的质地、结构和排列层次有关,上升毛管水的最大含量称为毛管持水量。土壤黏重,毛管水上升高,但速度慢;质地轻的土壤,毛管水上升低,但速度快。不同土壤的毛管水最大上升高度见表 2-1。

表 2-1　毛管水最大上升高度　　　　　　　　单位:m

土壤种类	毛管水最大上升高度	土壤种类	毛管水最大上升高度
黏土	2~4	沙土	0.5~1
黏壤土	1.5~3	泥炭土	1.2~1.5
沙壤土	1~1.5	碱土或盐土	1.2

(三)重力水

当土壤水分超过田间持水率后,多余的水分将在重力作用下沿着非毛管孔隙向下层移动,这部分水叫做重力水。重力水在土壤中通过时能被植物吸收利用,只是不能为土壤所保存。当土壤全部孔隙被水分所充满时,土壤便处于水分饱和状态,这时土壤的含水率称为饱和含水率或全持水率。重力水渗到下层较干燥土壤时,一部分转化为其他形态的水(如毛管水),另一部分继续下渗,但水量逐渐减少,最后完全停止下渗。如果重力水下渗到地下水面,就会转化为地下水并抬高地下水位。

二、土壤含水率的测定和表示方法

(一)土壤含水率的测定方法

土壤含水率是衡量土壤含水多少的数量指标。为了掌握土壤水分状况及其变化规律,用以指导农田灌溉和排水,经常需要测定土壤含水率。

测定土壤含水率的方法有很多,如称重法(包括烘干法、酒精燃烧法、红外线法)、负压计法、时域反射仪(Time-domain reflectometer,TDR)法、核物理法(γ 射线法、中子散射法)等。下面介绍常用的几种方法。

1. 烘干法

将采集的土样称得湿重后,放在 105~110 ℃ 的烘箱中烘烤 8 h,然后称重,水重与干土重的比值称为土壤含水率。

烘干法是最基本的直接测定土壤含水率的方法。其缺点是土样受到破坏,且不能连续观测某处的土壤含水率。

2. 负压计法(也称张力计法)

土壤水分是靠土壤吸力(基质势)的作用而存在于土壤中的。在同一土壤内,含水率越小,土壤吸力越大;含水率越大,土壤吸力越小。当含水率达到饱和时,土壤吸力等于零。负压计就是测量土壤吸力的仪器。要先按不同土壤建立率定的土壤吸力与土壤含水率的关系曲线,即土壤水分特征曲线(可通过同时测定负压计读数和用烘干法测定土壤含水率来建立)。而后用负压计测得土壤吸力,再查已建立的土壤水分特征曲线,即得土壤含水率。

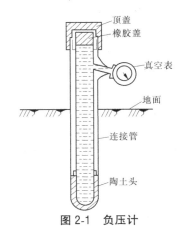

图 2-1　负压计

负压计主要由多孔陶土头、连接管和真空表等组成,如图 2-1 所示。陶土头是整个仪器的感应部件,它具有许多均匀的细孔,能够透水。当陶土头内充水后,其孔隙全部饱和,与空气的接触面上形成水膜。在一定的压力范围内,水膜不被击穿,使得空气不能进入陶土头内。

使用时,负压计内全部充水,并保证不留剩余空气,把负压计中的陶土头埋入土壤中需测定的位置上,并使土壤与陶土头表面充分接触。当陶土头最初放入土壤时,负压计中的水处于标准大气压状态中,吸力等于零。而一般土壤吸力大于零,由于吸力不等,负压计中的水就从陶土头外壁渗透出来,直至吸力平衡。这时负压计中出现的负压值(吸力值)便由真空表指示出来。当土壤水由降雨或灌溉得到补充时,其吸力急剧降低,负压计中的吸力因大于土壤吸力,从土壤中吸得水分,负压计上真空表的读数也随之降低。稳定后,真空表的指示值即为土壤吸力。

负压计结构简单,能定量连续地观测土壤含水率。如果分层埋设,可以及时掌握土壤的水分运动情况,也可在不同的测点多处埋设,配合自动观测设备,同时测得多点的土壤含水率及其变化过程。

3. 时域反射仪法(也称 TDR 法)

时域反射仪法是根据探测器发出的电磁波在不同介电常数物质中传输时间的不同,计算出被测物的含水率。从探测器发射出的电磁波沿同轴电缆一直传递到电极末端并反射回来,在电极(长度为 L)中往复的电磁波的传播速度(v)与电极周围介质的介电常数有关,从而可以获得介电常数与传播速度的关系,当电磁波的频率为 1 MHz ~ 1 GHz 时,有如下关系:

$$\xi = \left(\frac{c}{v}\right)^2 = \left(\frac{ct}{2L}\right)^2 \qquad (2\text{-}1)$$

式中　ξ——介电常数;

　　　c——光速,3×10^8 m/s;

　　　t——电磁波的传输时间,s。

电磁波在各点的反射很明确,可以很准确地计测出 t,从而用式(2-1)计算出 ξ,其结构示意如图 2-2 所示。

运用 TDR 法进行土壤含水率测定时,首先计测的是介电常数 ξ,然后通过介电常数 ξ 与含水率 β 之间的标定曲线计算土壤含水率。TDR 法与其他的土壤水分计测方法相比,具有测定范围广泛、不破坏土壤结构、测定方法简单、对人体无伤害、能随时捕捉含水率随

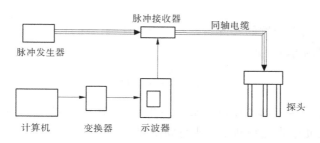

图 2-2　时域反射仪结构示意

时间的迅速变化、可实现自动化观测等优点。

（二）土壤含水率的表示方法

（1）质量百分比，以土壤水分质量占干土质量的百分数表示：

$$\beta_{重} = \frac{G_{水}}{G_{干土}} \times 100\% \tag{2-2}$$

式中　$\beta_{重}$——土壤含水率（占干土质量的百分数，%）；

$\quad\quad G_{水}$——土壤中含有的水质量，为原湿土质量与烘干土质量的差，kg；

$\quad\quad G_{干土}$——烘干土质量，kg。

（2）体积百分比，以土壤水分体积占土壤体积的百分数表示：

$$\beta_{体} = \frac{V_{水}}{V_{土}} \times 100\% = \beta_{重}\frac{\rho_{干土}}{\rho_{水}} \tag{2-3}$$

式中　$\beta_{体}$——土壤含水率（占土壤体积的百分数，%）；

$\quad\quad V_{水}$——土壤水分体积，m³；

$\quad\quad V_{土}$——土壤体积，m³；

$\quad\quad \rho_{干土}$——土壤干密度，kg/m³；

$\quad\quad \rho_{水}$——水的密度，kg/m³；

其余符号意义同前。

这种表示方法便于根据土壤体积直接计算土壤中所含水分的体积，或根据预定的含水率指标直接计算出需要向土壤中灌溉的水量，由于土壤水分体积在田间难以测定，生产实践中常把含水率的质量百分数换算为体积百分数。

（3）孔隙百分比，以土壤中水分体积占土壤中孔隙体积的百分数表示：

$$\beta_{孔} = \frac{V_{水}}{V_{孔}} \times 100\% = \beta_{重}\frac{\rho_{干土}}{\rho_{水}}\frac{1}{n} \tag{2-4}$$

式中　$\beta_{孔}$——土壤含水率（占土壤孔隙体积的百分数，%）；

$\quad\quad V_{孔}$——土壤中孔隙体积，m³；

$\quad\quad n$——土壤孔隙率（指在一定体积的土壤中，孔隙的体积占整个土壤体积的百分数，%）；

其他符号意义同前。

这种方法能清楚地表明土壤水分占据土壤孔隙的程度，便于直接了解土壤中水、气之间的关系。

（4）相对含水率，以土壤的实际含水率占田间持水率的百分数表示。这是以相对概念表示土壤含水率的方法，即

$$\beta_{相对} = \frac{\beta_{实}}{\beta_{田}} \times 100\% \qquad (2\text{-}5)$$

式中　$\beta_{相对}$、$\beta_{实}$、$\beta_{田}$——土壤的相对含水率、实际含水率、田间持水率，%。

这种表示方法便于直接判断土壤水分状况是否适宜，以制定相应的灌溉排水措施。

（5）水层厚度，是将某一土层所含的水量折算成水层厚度来表示土壤的含水率，以mm 为单位。这种方法便于将土壤含水率和降雨量、灌水量和排水量进行比较。

三、旱作地区的农田水分状况

旱作地区的地面水和地下水必须适时适量地转化为作物根系吸水层（可供根系吸水的土层，略大于根系集中层）中的土壤水，才能被作物吸收利用。通常地面不允许积水，以免造成涝灾，危害作物。地下水位不允许上升至作物根系吸水层，以免造成渍害。因此，地下水位必须维持在根系吸水层（根层）以下一定深度，此时地下水可通过毛细管作用上升至根系吸水层，供作物利用，如图 2-3 所示。

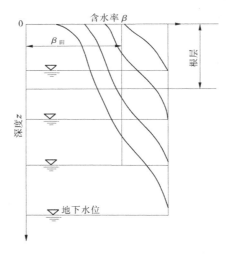

图 2-3　地下水位对作物根系吸水层内土壤含水率分布的影响示意

作物根系吸水层中的土壤水，以毛管水最容易被旱作物吸收，是对旱作物生长最有价值的水分形式。超过毛管最大含水率的重力水，在土壤中通过时虽然也能被植物吸收，但由于它在土壤中停留的时间很短，利用率很低，一般下渗流失，不能为土壤所保存，因此，为无效水。同时，如果重力水长期保存在土壤中，也会影响土壤的通气状况（通气不良），对旱作物生长不利。旱作物根系吸水层中允许的平均最大含水率一般为根系吸水层中的田间持水率。

根系吸水层中的土壤含水率过低，对作物生长将造成直接影响。当根系吸水层中的土壤含水率下降至凋萎系数时，作物将发生永久性凋萎。因此，凋萎系数是旱作物根系吸

水层中土壤含水率的下限值。

当植物根部从土壤中吸收的水分来不及补给叶面蒸腾时,便会使植物体的含水率不断减小,特别是叶片的含水率迅速降低。这种由于根系吸水不足,以致破坏了植物体水分平衡和协调的现象,即谓之干旱。根据干旱产生的原因不同,将干旱分为大气干旱、土壤干旱和生理干旱三种。

大气干旱是由于大气的温度过高和相对湿度过低、阳光过强,或遇到干热风,造成植物蒸腾耗水过大,使根系吸水速度不能满足蒸腾需要而引起的干旱。我国西北、华北地区均有大气干旱。大气干旱过久会造成植物生长停滞,甚至使作物因过热而死亡。

土壤干旱是土壤含水率过低,植物根系从土壤中所能吸取的水量很少,无法补偿叶面蒸腾的消耗而造成的。短期的土壤干旱会使产量显著降低,干旱时间过长将会造成植物的死亡,其危害性要比大气干旱更为严重。为了防止土壤干旱,最低的要求就是使土壤水的渗透压力不小于根毛细胞液的渗透压力,凋萎系数便是这样的土壤含水率的临界值。

生理干旱是由于植株本身生理原因,不能吸收土壤水分而造成的干旱。例如,在盐渍土地区或一次施用肥料过多,使土壤溶液浓度过大,渗透压力大于根细胞吸水力,致使根系吸收不到水分,造成作物的生理干旱。在盐渍土地区,土壤水允许的含盐溶液浓度的最高值视盐类及作物的种类而定。按此条件,根系吸水层内土壤的含水率应不小于$\beta_{\min}$,计算公式为

$$\beta_{\min} = \frac{S}{C} \times 100\% \qquad (2-6)$$

式中　$\beta_{\min}$——按盐类溶液浓度要求所规定的最小含水率(占干土质量的百分数,%);

S——土壤根系吸水层中易溶于水的盐类数量(占干土质量的百分数,%);

C——允许的盐类溶液浓度(占水质量的百分数,%)。

因此,土壤根系吸水层的最低含水率,必须能使土壤溶液浓度不超过作物在各个生育期所容许的最高值,以免发生凋萎。

综上所述,旱作物根系吸水层的允许平均最大含水率不应超过田间持水率,最小含水率不应小于凋萎系数。因此,对于旱作物来说,土壤水分的有效范围是从凋萎系数到田间持水率,其土壤水分关系示意如图2-4所示。不同土壤的田间持水率、凋萎系数及有效水量如表2-2所示。

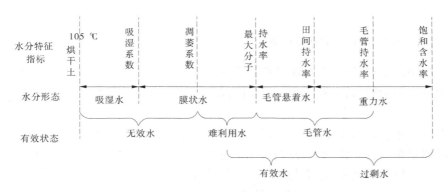

图2-4　土壤水分关系示意

表 2-2　不同土壤的田间持水率、凋萎系数及有效水量(占干土质量的百分数,%)

土壤质地	田间持水率	凋萎系数	有效水量
沙土	8~16	3~5	5~11
沙壤土、轻壤土	12~22	5~7	7~15
中壤土	20~28	8~9	12~19
重壤土	22~28	9~12	13~15
黏土	23~30	12~17	11~13

四、水稻地区的农田水分状况

水稻的栽培技术和灌溉方法与旱作物不同,因此农田水分存在的形式也不相同。我国水稻的灌水技术,传统上采用田间建立一定水层的淹灌方法,田面经常(除烤田外)有水层存在,并不断地向根系吸水层中入渗,供给水稻根部以必要的水分。根据地下水埋藏深度、不透水层位置、地下水出流情况(有无排水沟、天然河道、人工河网)的不同,地面水、土壤水与地下水之间的关系也不同。

当地下水埋藏较浅、又无出流条件时,由于地面水不断下渗,使原地下水位至地面间土层的土壤孔隙达到饱和,此时地下水便上升至地面,并与地面水连成一体。

当地下水埋藏较深、出流条件较好时,地面水虽然仍不断入渗,并补给地下水,但地下水位常保持在地面以下一定的深度,此时地下水位至地面间土层的土壤孔隙不一定达到饱和。

水稻是喜水喜湿性作物,保持适宜的淹灌水层不仅能满足水稻的水分需要,而且能影响土壤的一系列理化过程,并能起到调节和改善湿、热及农田小气候等状况的作用。但长期的淹灌及过深的水层(不合理的灌溉或降雨过多造成的)对水稻生长也是不利的,会引起水稻减产,甚至死亡。因此,合理确定淹灌水层上下限具有重要的实际意义。适宜的水层上下限通常与作物品种、生育阶段、自然环境等因素有关,应根据试验或实践经验来确定。

五、农田水分状况的调节措施

在天然条件下,农田水分状况和作物需水要求通常是不相适应的。农田水分过多或水分不足的现象会经常出现,必须采取措施加以调节,以便为作物生长发育创造良好的条件。

调节农田水分的措施主要是灌溉措施和排水措施。当农田水分不足或过少时,一般应采取灌溉措施增加农田的水分;当农田水分过多时,应采取排水措施排除农田中多余的水分。不论采取何种措施,都应与农业技术措施相结合,如尽量利用田间工程进行蓄水或实行深翻改土、免耕、覆膜和秸秆覆盖等措施,减少棵间蒸发,增加土壤蓄水能力。无论水田或旱地,都应注意改进灌水技术和方法,以减少农田水分的蒸发损失和渗漏损失。

第二节　农作物需水量研究

一、概述

(一)农田水分消耗的途径

农田水分消耗的途径见图 2-5。

图 2-5　农田水分消耗的途径

(1)植株蒸腾:作物根系从土壤中吸入体内的水分,通过叶片的气孔,扩散到大气中的现象。试验表明:作物根系吸收的水分有 99% 以上用于蒸腾,仅有不到 1% 的水分成为植物体的组成部分。

(2)株间蒸发:植株间土壤或田面的水分蒸发,见图 2-6。

图 2-6　株间蒸发示意

植株蒸腾和株间蒸发的关系:植株蒸腾和株间蒸发都受气象因素的影响,二者互为消长,植株蒸腾因植株繁茂而增加,株间蒸发因植株造成的地面覆盖率增加而减小。作物生育初期以株间蒸发为主,生育中期以植株蒸腾为主,生育后期以株间蒸发为主。

(3)深层渗漏:旱田由于降雨量和灌水量过多,使土壤水分超过了田间持水量,向根系活动层以下的土层产生渗漏的现象。

一般情况下,深层渗漏是无益的,会造成水分和养分的流失,因此旱田灌溉一般不允许产生渗漏。

(4)田间渗漏:水稻田的渗漏。因为水田田面经常保持一定的水层,所以水田产生的渗漏量很大。对于水田来说,应该有一定的渗漏量,促进土壤通气,消除有毒物质,但不能过大,要节水灌溉。

(二)作物需水量和田间耗水量

(1)作物需水量:植株蒸腾和株间蒸发之和称为作物需水量,也称腾发量。

(2)田间耗水量:对于水稻田来说,田间耗水量为作物需水量和田间渗漏量之和。

(3)影响因素。影响作物需水量的因素:①气象条件;②土壤含水状况;③作物种类;④生长发育阶段;⑤农业技术措施;⑥灌排措施。

影响渗漏量的因素:①土壤性质;②水文地质条件。

作物需水量是农业用水的主要部分,是水资源开发利用的必需资料,是灌排工程规划、设计、管理的基本依据。对作物需水量和需水规律的研究,一直是农田水利专业重要的研究课题。

目前一般是通过田间试验测定作物需水量的,另外,还可以采用某些经验公式确定。

二、直接计算作物需水量的方法

(一)以水面蒸发为参数的需水系数法(α值法)

大量的试验资料表明,各种气象因素与水面蒸发量有关,而水面蒸发量又与作物需水量相关。因此,可以用水面蒸发量来衡量作物需水量的大小。

1. 计算公式

$$ET = \alpha E_0 \tag{2-7}$$

$$ET = \alpha E_0 + b \tag{2-8}$$

式中　ET——某时段的作物需水量,mm;

E_0——与 ET 同时段的水面蒸发量,mm,一般采用 80 cm 口径蒸发皿的蒸发值;

α——需水系数,为需水量和水面蒸发量的比值,由试验分析得到;

b——经验常数,通过试验分析得到。

2. 适用条件

(1)蒸发皿的规格为 80 cm 口径,否则要乘以小于 1 的换算系数。

(2)既可计算各阶段的作物需水量,也可计算全生育期的作物需水量,一般情况下,计算各时段的需水量。

(3)一般适用于受气象因素影响较大的水稻区,误差小于 20%时,可采用。

(二)以产量为参数的需水系数法(K值法)

作物产量是太阳能的累积和水、土、肥、热、气诸因素协调及农业措施的综合结果。因此,在一定气象条件和一定范围内,作物田间需水量随作物产量提高而增加,但并不是成线性关系,见图 2-7。

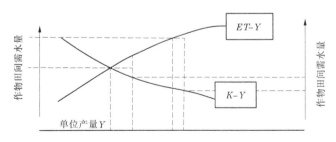

图 2-7　作物田间需水量与作物产量变化曲线

单位产量的需水量随产量增加而减小,说明当产量达到一定水平后,要进一步提高产量不能仅靠增加水量,而必须改善其他条件。

单位面积需水量:600 m³/亩、610 m³/亩。

单位产量:600 kg/亩、650 kg/亩。

单位产量需水量:1 m³/kg、0.94 m³/kg。

1. 计算公式

$$E(ET) = KY \tag{2-9}$$

$$E(ET) = KY^n + C \tag{2-10}$$

式中　$E(ET)$——作物全生育期的总需水量，m³/亩；

　　　　K——以产量为指标的需水系数，对于 $E(ET) = KY$，K 表示单位产量的需水量，m³/kg；

　　　　Y——作物单位面积的产量，kg/亩；

　　　　n、C——经验指数、常数，由试验成果分析得到。

2. 适用条件

（1）旱田水分不足的地区（误差在 30% 以下）。

（2）用该公式仅能计算全生育期的作物需水量，计算各阶段需水量要乘以模数，$ET_i = K_i ET \times 100\%$。

（3）有助于进行灌溉经济分析，实用价值大。

三、通过潜在腾发量计算作物需水量的方法

（一）潜在腾发量

潜在腾发量指土壤水分充足，能完全满足作物蒸发耗水条件下的需水量，也叫参照需水量。参照作物的具体生长条件：①土壤水分充足；②地面完全覆盖；③生长正常；④高矮整齐开阔（面积大于 200 m×200 m，高 8~15 cm）。

影响因素：气象因素影响较大。

（二）参照作物需水量的计算

计算参照作物需水量的研究很多，以水面蒸发量推算和以气温昼长时间推算是比较简单的方法，但误差大。目前，推荐两种方法：①用气温推算；②能量平衡法。

1. 用气温推算

1）计算公式

主要为布莱尼–克雷多公式

$$E_P = C[P(0.46t + 8)] \tag{2-11}$$

式中　E_P——月平均潜在需水量，mm/d；

　　　　C——根据最低相对湿度、日照小时数、白天风速确定的修正系数，由相关表可查出。

　　　　P——月内日平均昼长小时占全年昼长小时的百分比，可根据纬度月份查表确定；

　　　　t——月平均气温，℃；

2）适用条件

（1）干旱、半干旱地区；

（2）计算误差为 25%。

2. 能量平衡法

此法是能量平衡与水汽扩散的综合方法，根据农田能量平衡原理、水汽扩散原理以及空气的导热定律，可列出半经验计算公式（改进后的彭曼公式）。

（1）计算公式：

$$ET_0 = \frac{\dfrac{p_0}{p}\dfrac{\Delta}{\gamma}R_n + E_a}{\dfrac{p_0}{p}\dfrac{\Delta}{\gamma} + 1} \tag{2-12}$$

其中，$E_a = 0.26(1 + 0.54\mu)(e_a - e_d)$。

式中　ET_0——参照作物需水量，mm/d；

　　　$\dfrac{\Delta}{\gamma}$——标准大气压下的温度函数，不同温度可查相关表得到；

　　　$\dfrac{p_0}{p}$——海拔影响温度函数的改正系数，不同海拔可查表得到；

　　　R_n——太阳净辐射，mm/d，可查表，可计算；

　　　E_a——干燥力，mm/d；

　　　e_a——饱和水汽压，hPa，可根据气温查表得到；

　　　e_d——实际水汽压，hPa，可根据相对湿度查表得到；

　　　μ——离地面 2 m 高的风速，m/s。

（2）适用条件：比较广泛、误差较小。

（三）实际需水量的计算

已知参照作物需水量后，则采用作物系数 k_c 对 ET_0 修正得实际需水量：

$$ET = k_c ET_0 \tag{2-13}$$

k_c 值随作物种类、生育阶段、地区等不同。

例： 求水稻各生育期田间耗水量和耗水强度（α 值法）。

已知：（1）80 cm 口径蒸发皿蒸发量如表 2-3 所示。

表 2-3　80 cm 口径蒸发皿蒸发量

月份	4	5	6	7	8
E_{80}/mm	192.2	154.5	189.5	175.0	219.0

（2）水稻生育期，渗漏量根据试验见表 2-4。

表 2-4　水稻各生育期渗漏量试验结果

生育期	返青	分蘖	孕穗	抽开	熟	黄熟	全期
起止日期/（月-日）	04-25~05-04	05-08~06-01	06-02~06-16	06-17~06-26	06-27~07-06	07-07~07-14	04-25~07-14
天数/d	10	28	15	10	10	8	81
渗漏量 h_i/（mm/d）	1.8	1.5	1.3	1.3	1.1	1.4	
K	7	24	24	22	14	9	100

（3）全生育期需水系数 $\alpha = 0.97$。

解:(1)求全生育期作物需水量。

①4~8月每天水面蒸发强度见表2-5。

表2-5　4~8月每天水面蒸发强度

月份	4	5	6	7	8
E_{80}/mm	192.2	154.5	189.5	175.0	219.0
每天 E_{80}/mm	6.407	4.984	6.317	5.645	7.065

②全生育期水面蒸发量 E_0:

$$E_0 = 6.407×6+4.984×31+6.317×30+5.645×14$$
$$= 38.442+154.504+189.51+79.03 = 461.486(mm)$$

③全生育期作物需水量:

$$E_T = \alpha E_0 = 0.97 × 461.486 = 447.64(mm)$$

(2)求各生育阶段作物需水量、耗水强度按表2-6计算。

表2-6　各生育阶段作物需水量、耗水强度计算

生育期	返青	分蘖	孕穗	抽开	熟	黄熟	全期
K	7	24	24	22	14	9	100
E_i/cm	31.335	107.434	107.43	98.48	62.67	40.287	
e_i/cm	3.1	3.8	7.2	9.8	6.3	5.0	
h_i/cm	1.8	1.5	1.3	1.3	1.1	1.4	
$E_耗/cm$	4.9	5.3	8.5	11.1	7.4	6.4	

注:1. 有时不直接计算全生育期的作物需水量,而是根据各生育期需水系数 α_i,计算各阶段需水量,α_i 可查水文图集。

2. 湖北省有许多灌溉试验站,求出经验公式中的不同参数,并把每种作物的月、旬需水量都计算出来了。在实际工作中,可以采用附近地区试验站的成果直接利用,但要与本地情况对比分析,减小误差。

例如,湖北省某试验站大豆作物需水量见表2-7。

表2-7　湖北省某试验站大豆作物需水量

生育期	播种苗期	开花	结夹	谷粒成熟	合计
日期/(月-日)	05-01~06-10	06-11~07-31	08-01~08-20	08-21~09-20	
天数/d	41	51	20	31	143
模系数	15	45	25	15	100
需水量/mm	56.1	167.9	93.5	56.5	374
日需水量/mm	1.30	3.30	4.70	1.80	

第三节　农作物灌溉制度

农作物的灌溉制度是指作物播种前(或作物移栽前)及其全生育期内的灌水次数、每次的灌水时间、灌水定额以及灌溉定额。它是根据作物需水特性和当地气候、土壤、农业技术及灌水技术等条件,为作物高产及节约用水而制订的适时适量的灌水方案。灌水定额是指一次灌水单位灌溉面积上的灌水量。灌溉定额是指播种前和全生育期内单位面积上的总灌水量,即各次灌水定额之和,灌水定额和灌溉定额常以 m^3/hm^2 或 mm 表示,它是灌区规划及管理的重要依据。

一、充分灌溉条件下的灌溉制度

充分灌溉条件下的灌溉制度,是指灌溉供水能够充分满足作物各生育阶段的需水量要求而制定的灌溉制度。长期以来,人们都是按充分灌溉条件下的灌溉制度来规划、设计灌溉工程的。当灌溉水源充足时,也按照这种灌溉制度来进行灌水。因此,研究制定充分灌溉条件下的灌溉制度有重要意义。常采用以下三种方法来确定灌溉制度:

(1)总结群众丰产灌水经验。群众在长期的生产实践中,积累了丰富的灌溉用水经验,能够根据作物生育特点,适时适量地进行灌水,并获得高产。这些实践经验是制定灌溉制度的重要依据。灌溉制度调查应根据设计要求的干旱年份,调查这些年份当地的灌溉经验,灌区范围内不同作物的灌水时间、灌水次数、灌水定额及灌溉定额。根据调查资料,分析确定这些年份的灌溉制度。

(2)根据灌溉试验资料制定灌溉制度。为了实施科学灌溉,我国许多灌区设置了灌溉试验站,试验项目一般包括作物需水量、灌溉制度、灌水技术和灌溉效益等,试验站积累的试验资料是制定灌溉制度的主要依据。在选用试验资料时,必须注意原试验的条件(如气象条件、水文年度、产量水平、农业技术措施、土壤条件等)与需要确定灌溉制度地区条件的相似性,在认真分析、研究、对比的基础上确定灌溉制度,不能生搬硬套。

(3)按水量平衡原理分析制定作物灌溉制度。这种方法有一定的理论依据,比较完善,必须根据当地具体条件,参考群众丰产灌水经验和田间试验资料,才能使制定的灌溉制度更加切合实际。下面分别就水稻和旱作物介绍这一方法。

(一)水稻的灌溉制度

因为水稻大都采用移栽,所以水稻的灌溉制度可分为泡田期及插秧以后的生育期两个时段进行计算。

1. 泡田期泡田定额的确定

泡田定额由三部分组成:一是使一定土层的土壤达到饱和;二是在田面建立一定的水层;三是满足泡田期的稻田渗漏量和田面蒸发量。

泡田定额可用下式确定:

$$M_1 = 10H\gamma(\beta_饱 - \beta_0) + h + t_1(s_1 + e_1) - P_1 \tag{2-14}$$

式中　M_1——泡田期泡田定额,mm;

$\beta_饱$、β_0——土壤饱和含水率、泡田开始时的土壤实际含水率(占干土质量的百

分数,%);

H——饱和土层深度(也称作稻田犁底层深度),m;

γ——稻田 H 深度内土壤的平均密度,t/m³;

h——插秧时田面所需的水层深度,mm;

t_1——泡田期的天数,d;

s_1——泡田期稻田的渗漏强度,mm/d;

e_1——泡田期内水田田面的平均水面蒸发强度,mm/d;

P_1——泡田期内的有效降雨量,mm。

泡田定额通常参考土壤、地下水埋深和耕犁深度相类似田块上的实测资料确定。一般情况下,当田面水层为 30~50 mm 时,泡田定额可参考表 2-8 中的值。

表 2-8　不同土壤及地下水埋深的泡田定额　　　　　单位:mm

土壤类别	地下水埋深	
	≤2 m	>2 m
黏土和黏壤土	75~120	—
中壤土和沙壤土	110~150	120~180
轻沙壤土	120~190	150~240

2. 生育期灌溉制度的确定

在水稻生育期中任何一个时段(t)内,农田水分的变化取决于该时段内的来水和耗水之间的消长,它们之间的关系可用下列水量平衡方程表示:

$$h_1 + P + m - E - c = h_2 \qquad (2\text{-}15)$$

式中　h_1——时段初田面水层深度,mm;

　　　h_2——时段末田面水层深度,mm;

　　　P——时段内降雨量,mm;

　　　m——时段内的灌水量,mm;

　　　E——时段内田间耗水量,mm;

　　　c——时段内田间排水量,mm。

为了保证水稻正常生长,必须在田面保持一定的水层深度。不同生育阶段田面水层有一定的适宜范围,即有一定的允许水层上限(h_{max})和下限(h_{min})。在降雨时,为了充分利用降雨量、节约灌水量、减少排水量,允许蓄水深度 h_p 大于允许水层上限(h_{max}),以不影响水稻生长为限,水稻各生育阶段的适宜水层下限、上限及最大蓄水深度见表 2-9。当降雨深超过最大蓄水深度时,即应进行排水。

在天然情况下,田间耗水量是一种经常性的消耗,而降雨量则是间断性的补充。因此,在不降雨或降雨量很小时,田面水层就会降到适宜水层的下限(h_{min}),这时如果没有降雨,则需进行灌溉,灌水定额为

$$m = h_{max} - h_{min} \qquad (2\text{-}16)$$

这一过程可用图 2-8 所示的图解法表示。如在时段初 A 点,水田应按 1 线耗水,至 B

点,田面水层降至适宜水层下限,即需灌水,灌水定额为 m_1;如果时段内有降雨 P,则在降雨后,田面水层回升降雨深 P,再按 2 线耗水至 C 点时进行灌溉;若降雨 P_1 很大,超过最大蓄水深度,多余的水量需要排除,排水量为 d,然后按 3 线耗水至 D 点时进行灌溉。

表 2-9　水稻各生育阶段适宜水层下限—上限—最大蓄水深度　　　　单位:mm

生育阶段	早稻	中稻	双季晚稻
返青	5—30—50	10—30—50	20—40—70
分蘖前	20—50—70	20—50—70	10—30—70
分蘖末	20—50—80	30—60—90	10—30—80
拔节孕穗	30—60—90	30—60—120	20—50—90
抽穗开花	10—30—80	10—30—100	10—30—50
乳熟	10—30—60	10—20—60	10—20—60
黄熟	10—20	落干	落干

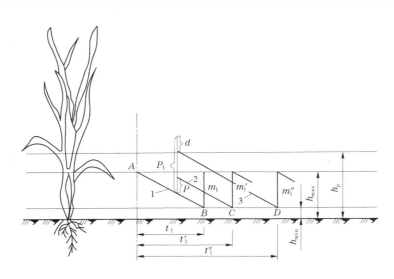

P_1—泡田期内的有效降雨量;P—时段内降雨量;d—多余排水量;
t_1、t_1'、t_1''—不同时段泡田期的天数;m_1、m_1'、m_1''—不同时段的灌水定额。

图 2-8　水稻生育期中任一时段水田水分变化图解法

根据上述原理可知,当确定了各生育阶段的适宜水层 h_{max}、h_{min}、h_p 及各阶段需水强度 e_i 时,便可用图解法或列表法推求水稻灌溉制度。现以某灌区某设计年早稻为例,说明列表法推求水稻灌溉制度的具体步骤。

例: 用列表法推求某灌区双季早稻的灌溉制度。

解:(1)基本资料。

①早稻生育期各生育阶段起止日期、需水模系数、渗漏强度如表 2-10 所示。

②各生育阶段适宜水层深度。

根据灌区具体条件,采用浅灌深蓄方式,分蘖末期进行落干晒田,晒田结束时复水灌溉,根据灌溉试验资料,复水定额(使晒田末土壤含水率恢复到饱和含水率的灌水定额)采用 35 mm。为避免双季晚稻插秧前再灌泡田水,田面水层由黄熟一直维持到收割。根据群众丰产灌水经验并参照灌溉试验资料,各生育阶段适宜水层下限、上限及最大蓄水深度见表 2-9。

表 2-10　逐日耗水量计算

生育阶段	返青	分蘖前	分蘖末	拔节孕穗	抽穗开花	乳熟	黄熟	全生育期
起止日期/（月-日）	04-25 ~ 05-02	05-03 ~ 05-10	05-11 ~ 05-29	05-30 ~ 06-14	06-15 ~ 06-27	06-28 ~ 07-08	07-09 ~ 07-16	04-25 ~ 07-16
天数/d	8	8	19	16	13	11	8	83
需水模系数（%）	4.8	9.9	24.0	26.6	22.4	7.1	5.2	100
阶段需水量/mm	20.9	43.1	104.4	115.7	97.4	30.9	22.6	435
阶段渗漏量/mm	12	12	28.5	24	19.5	16.5	12	124.5
阶段田间耗水量/mm	32.9	55.1	132.9	139.7	116.9	47.4	34.6	559.5
日平均耗水量/(mm/d)	4.1	6.9	7.0	8.7	9.0	4.3	4.3	

注:渗漏强度为 1.5 mm/d。

③生育期降雨量,如表 2-11 中第(5)栏数值。

④早稻生育期的水面蒸发量为 362.5 mm,早稻的需水系数 $\alpha=1.2$。

⑤返青前 10 d 开始泡田,泡田定额为 120 mm,泡田末期即插秧时(4 月 24 日末),田面水层深度为 20 mm。

(2)列表计算。

根据上述资料,按以下步骤列表进行计算。

①计算各生育阶段的日平均耗水量。

全生育期作物需水量为　$ET=\alpha E_0=1.2\times362.5=435(\text{mm})$

各生育阶段的作物需水量为　$ET_i=K_iET$

各生育阶段的渗漏量为　$S_i=1.5t_i$

各生育阶段的耗水量为　$E_i=ET_i+S_i$

各生育阶段日平均耗水量为　$e_i=\dfrac{E_i}{t_i}$

田间耗水量的计算结果见表 2-10。

②利用水量平衡方程式,逐日计算田面水层深度。例如,返青期前有:

4 月 24 日末水层深　$h=20$ mm

25 日末水层深　$h=20+0+0-4.1=15.9(\text{mm})$

26 日末水层深　$h=15.9+0+0-4.1=11.8(\text{mm})$

表 2-11　某灌区某年早稻生育期灌溉制度计算　　　　　单位:mm

日期		生育期	设计淹灌水层	逐日耗水量	逐日降雨量	淹灌水层变化	灌水量	排水量
月	日							
(1)		(2)	(3)	(4)	(5)	(6)	(7)	(8)
4	24	返青期	5—30—50	4.1		20		
	25					15.9		
	26					11.8		
	27				1.0	8.7		
	28				23.5	28.1		
	29				9.3	33.3		
	30					29.2		
	1					25.1		
	2					21.0		
	3	分蘖前	20—50—70	6.9		44.1	30	
	4				3.3	40.5		
	5				4.0	37.6		
	6				4.4	35.1		
	7					28.2		
	8				2.7	24.0		
	9				7.6	24.7		
	10					47.8	30	
5	11	分蘖末	20—50—80	7.0		40.8		
	12					33.8		
	13					26.8		
	14				20.9	40.7		
	15				1.8	35.5		
	16					28.5		
	17					21.5		
	18					44.5	30	
	19					37.5		
	20				8.4	38.9		
	21					31.9		
	22					24.9		

续表 2-11

日期		生育期	设计淹灌水层	逐日耗水量	逐日降雨量	淹灌水层变化	灌水量	排水量
月	日							
(1)		(2)	(3)	(4)	(5)	(6)	(7)	(8)
5	23	分蘖末	20—50—80	7.0	2.5	20.4		
	24				2.3	0		15.7
	25		晒田	7.0				
	26							
	27							
	28							
	29						35	
6	30	拔节	30—60—90	8.7		31.3	40	
	31				8.5	31.1		
	1					52.4	30	
	2					43.7		
	3				2.2	37.2		
	4				11.2	39.7		
	5				23.4	54.4		
	6	孕穗	30—60—80	8.7		45.7		
	7					37.0		
	8					58.3	30	
	9					49.6		
	10				9.0	49.9		
	11					41.2		
	12				0.7	33.2		
	13					54.5	30	
	14					45.8		
	15	抽穗开花	10—30—80	9.0		36.8		
	16				1.0	28.8		
	17				20.1	39.9		
	18				51.6	80.0		2.5
	19					71.0		
	20					62.0		

续表 2-11

日期		生育期	设计淹灌水层	逐日耗水量	逐日降雨量	淹灌水层变化	灌水量	排水量
月	日							
（1）		（2）	（3）	（4）	（5）	（6）	（7）	（8）
6	21	抽穗开花	10—30—80	9.0		53.0		
	22					44.0		
	23					35.0		
	24					26.0		
	25				26.3	43.3		
	26				2.2	36.5		
	27					27.5		
	28	乳熟	10—30—60	4.3		23.2		
	29				3.2	22.1		
	30					17.8		
7	1					13.5		
	2					29.2	20	
	3					24.9		
	4					20.6		
	5					16.3		
	6					12.0		
	7				8.4	16.1		
	8					31.8	20	
	9	黄熟	10—20	4.3		27.5		
	10					23.2		
	11					18.9		
	12					14.6		
	13					10.3		
	14					16.0	10	
	15					11.7		
	16					7.4		
Σ				558.9	259.5		305	18.2

依次进行计算,若田面水层深接近或低于淹灌水层下限,则需要灌溉,灌水定额以淹

灌水层上、下限之差为准。

例如,5 月 3 日末水层深为

$h=21.0+0+0-6.9=14.1(\text{mm})<20\ \text{mm}(\text{下限})$

则需要灌溉,灌水定额 $m=50-20=30$ (mm),则 5 月 3 日末水层深应为

$h=21.0+0+30-6.9=44.1(\text{mm})$

若遇降雨,田面水层深度随之上升,当超过蓄水上限时必须排水。

例如,6 月 18 日末,水层深度 $h_2=39.9+51.6+0-9.0=82.5(\text{mm})$,超过蓄水上限 2.5 mm,则需排掉,6 月 18 日末的水深 $h_2=80.0\ \text{mm}$。

③晒田期耗水量近似按分蘖末期的日耗水量计算。计算结果列于表 2-11 的(6)、(7)、(8)栏。

④校核。

$$h_{始}+\sum P+\sum m-\sum E-\sum c=h_{末}$$

$$20+259.5+305-558.9-18.2=7.4(\text{mm})$$

与 7 月 16 日淹灌水层相符,计算无误。

(3)灌溉制度成果。

根据以上计算结果,设计出某灌区某设计年双季早稻生育期设计灌溉制度,见表 2-12。

表 2-12　某灌区某设计年双季早稻生育期设计灌溉制度

灌水次数	灌水日期/(月-日)	灌水定额/mm
1	05-03	30
2	05-10	30
3	05-18	30
4	05-29	35
5	05-30	40
6	06-01	30
7	06-08	30
8	06-13	30
9	07-02	20
10	07-08	20
11	07-14	10
合计		305

(二) 旱作物的灌溉制度

旱作物是依靠主要根系从土壤中吸取水分,以满足其正常生长的需要。因此,旱作物的水量平衡是分析其主要根系吸水层储水量的变化情况,旱作物的灌溉制度是以作物主要根系吸水层作为灌水时的土壤计划湿润层,并要求该土层内的储水量能保持在作物所要求的范围内,使土壤的水、气、热状态适合作物生长。用水量平衡原理制定旱作物的灌

溉制度就是通过对土壤计划湿润层内的储水量变化过程进行分析计算,从而得出灌水定额、灌水时间、灌水次数、灌溉定额。

1. 水量平衡方程

旱作物生育期内任一时段计划湿润层中储水量的变化取决于需水量和来水量,其来去水量见图 2-9,它们的关系可用下列水量平衡方程式表示:

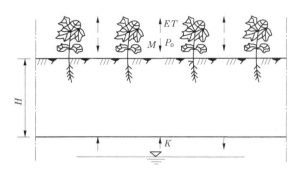

图 2-9　土壤计划湿润层水量平衡示意

$$W_t - W_0 = W_T + P_0 + K + M - ET \qquad (2\text{-}17)$$

式中　W_0、W_t——时段初、时段末土壤计划湿润层内的储水量,m^3/hm^2;

W_T——由于计划湿润层深度增加而增加的水量,m^3/hm^2,若计划湿润层在时段内无变化则无此项;

P_0——时段内保存在土壤计划湿润层内的有效雨量,m^3/hm^2;

K——时段 t(单位时间为日,以 d 表示,下同)内的地下水补给量,m^3/hm^2,即 $K = kt$,k 为 t 时段内平均每昼夜地下水补给量,$m^3/(hm^2 \cdot d)$;

M——时段 t 内的灌溉水量,m^3/hm^2;

ET——时段 t 内的作物田间需水量,m^3/hm^2,即 $ET = et$,e 为 t 时段内平均每昼夜的作物田间需水量,$m^3/(hm^2 \cdot d)$。

为了满足农作物正常生长的需要,任一时段内土壤计划湿润层内的储水量必须经常保持在一定的适宜范围内,即通常要求不小于作物允许的最小储水量(W_{min})和不大于作物允许的最大储水量(W_{max})。

在天然情况下,由于各时段内需水量是一种经常性的消耗,而降雨则是间断的补给,因此当某些时段内降雨很少或没有降雨时,往往使土壤计划湿润层内的储水量很快降低到或接近于作物允许的最小储水量,此时急需进行灌溉,以补充土层中消耗掉的水量。

例如,某时段内没有降雨,显然这一时段的水量平衡方程可写为

$$W_{min} = W_0 - ET + K = W_0 - t(e - k) \qquad (2\text{-}18)$$

式中　W_{min}——土壤计划湿润层内允许最小储水量,m^3/hm^2;

其他符号意义同前。

如图 2-10 所示,设时段初土壤储水量为 W_0,则由式(2-19)可推算出开始进行灌水时的时间间距为

$$t = \frac{W_0 - W_{min}}{e - k} \qquad (2\text{-}19)$$

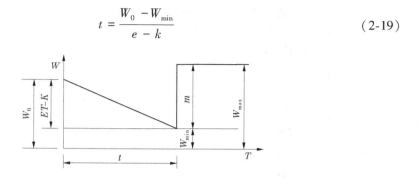

图 2-10　土壤计划湿润层(H)内储水量变化

而这一时段末的灌水定额 m 为

$$m = W_{max} - W_{min} = 102\gamma H(\beta_{max} - \beta_{min}) \qquad (2\text{-}20)$$

式中　m——灌水定额,m^3/hm^2;

γ——H 深度内的土壤平均密度,t/m^3;

H——该时段内土壤计划湿润层的深度,m;

$\beta_{max}、\beta_{min}$——该时段内允许的土壤最大含水率、最小含水率(占干土质量的百分数,%)。

同理,可以求出其他时段在不同情况下的灌水时距与灌水定额,从而确定出作物全生育期内的灌溉制度。

2. 制定旱作物灌溉制度所需的基本资料

制定的灌溉制度是否合理,关键在于方程中的各项数据,如土壤计划湿润层深度、作物允许的土壤含水率变化范围以及有效降雨量等选用是否合理。

(1)土壤计划湿润层深度。它是指在对旱作物进行灌溉时,计划、调节、控制土壤水分状况的土层深度。它取决于旱作物主要根系活动层深度,随作物的生长发育而逐步加深。在作物生长初期,根系虽然很浅,但为了维持土壤微生物活动,并为以后的根系生长创造条件,需要在一定土层深度内保持适当的含水率,一般采用 30~40 cm;随着作物的成长和根系的发育,需水量增多,计划湿润层也应逐渐增加,至生长末期,由于作物根系停止发育,需水量减少,计划湿润层深度不宜继续加大,一般不超过 0.8~1.0 m。在地下水位较高的盐碱化地区,计划湿润层深度不宜大于 0.6 m。根据试验资料,列出几种作物不同生育阶段的计划湿润层深度,如表 2-13 所示。

(2)适宜含水率及允许的最大、最小含水率。土壤适宜含水率($\beta_{适}$)是指最适宜作物生长发育的土壤含水率。它随作物种类、生育阶段的需水特点、施肥情况和土壤性质(包括含盐状况)等因素而异,一般应通过试验或调查总结群众经验而定。表 2-13 中所列数值可供参考。

表 2-13　冬小麦等作物土壤计划湿润层深度和适宜含水率

作物	生育阶段	土壤计划湿润层深度/cm	土壤适宜含水率/（以田间持水率的百分数计,%）
冬小麦	出苗	30~40	45~60
	三叶	30~40	45~60
	分蘖	40~50	45~60
	拔节	50~60	45~60
	抽穗	50~80	60~75
	开花	60~100	60~75
	成熟	60~100	60~75
棉花	幼苗	30~40	55~70
	现蕾	40~60	60~70
	开花	60~80	70~80
	吐絮	60~80	50~70
玉米	幼苗期	30~40	60~70
	拔节期	40~50	70~80
	抽穗期	50~60	70~80
	灌浆期	60~80	80~90
	成熟期	60~80	70~90

由于作物需水的持续性与农田灌溉或降雨的间歇性,土壤计划湿润层的含水率不可能经常保持在某一最适宜的含水率数值而不变。为了保证作物正常生长,土壤含水率应控制在允许最大含水率和允许最小含水率之间。允许最大含水率(β_{max})一般以不致造成深层渗漏为原则,采用 $\beta_{max} = \beta_{田}$,$\beta_{田}$ 为土壤田间持水率,见表 2-14。作物允许最小含水率(β_{min})应大于凋萎系数,一般取田间持水率的 60%~70%,即 $\beta_{min} = (0.6~0.7)\beta_{田}$。

表 2-14　各种土壤的田间持水率

土壤类别	孔隙率/（体积,%）	田间持水率	
		占土体(%)	占孔隙率(%)
沙土	30~40	11~20	35~50
沙壤土	40~45	16~30	40~65
壤土	45~50	23~35	50~70
黏土	50~55	33~44	65~80
重黏土	55~65	42~55	75~85

在土壤盐碱化较严重的地区,往往由于土壤溶液浓度过高而妨碍作物吸取正常生长所需的水分,还要依据作物不同生育阶段允许的土壤溶液浓度作为控制条件来确定允许最小含水率(β_{min})。

(3)有效降雨量(P_0)。它是指天然降雨量扣除地面径流和深层渗漏量后,蓄存在土壤计划湿润层内可供作物利用的雨量。即

$$P_0 = \alpha P \qquad (2\text{-}21)$$

式中　P——一次降雨量,mm;

α——降雨有效利用系数,其值与一次降雨量、降雨强度、降雨延续时间、土壤性质、地面覆盖及地形等因素有关,一般认为,当一次降雨量小于 5 mm 时,α 为 0;当一次降雨量为 5~50 mm 时,α 为 1.0~0.8;当一次降雨量大于 50 mm 时,α 为 0.7~0.8。

(4)地下水补给量(K)。它是指地下水借土壤毛细管作用上升至作物根系吸水层而被作物利用的水量,其大小与地下水埋藏深度、土壤性质、作物种类、作物需水强度、计划湿润层含水率等有关。当地下水埋深超过 2.5 m 时,补给量很小,可以忽略不计;当地下水埋深小于或等于 2.5 m 时,补给量为作物需水量的 5%~25%。河南省人民胜利渠灌区测定冬小麦地区地下水埋深为 1.0~2.0 m 时,地下水补给量可达作物需水量的 20%。因此,在制定灌溉制度时,不能忽视这部分的补给量,必须根据当地或类似地区的试验、调查资料估算。

(5)由于计划湿润层深度增加而增加的水量(W_T)。在作物生育期内,计划湿润层深度是变化的,由于计划湿润层深度增加,作物就可利用一部分深层土壤的原有储水量,W_T(m^3/hm^2)可按式(2-22)计算:

$$W_T = 100(H_2 - H_1)\beta\gamma \qquad (2\text{-}22)$$

式中　H_1——时段初计划湿润层深度,m;

H_2——时段末计划湿润层深度,m;

β——$H_2 - H_1$ 深度土层中的平均含水率(占干土质量的百分数,%),一般 $\beta < \beta_{田}$;

γ——H_1 至 H_2 深度内的土壤平均密度,t/m^3。

当确定了以上各项设计依据后,即可分别计算旱作物的播前灌水定额和生育期的灌溉制度。

3. 旱作物播前的灌水定额(M_1)确定

播前灌水是为了使土壤有足够的底墒,以保证种子发芽和出苗或储水于土壤中,供作物生育期使用。播前灌水往往只进行一次,M_1(m^3/hm^2)一般可按下式计算:

$$M_1 = 100\gamma H(\beta_{max} - \beta_0) \qquad (2\text{-}23)$$

式中　γ——H 深度内的土壤平均密度,t/m^3;

H——土壤计划湿润层深度,m,应根据播前灌水要求确定;

β_{max}——允许最大含水率(占干土质量的百分数,%);

β_0——播前 H 深度内土层的平均含水率(占干土质量的百分数,%)。

4. 生育期灌溉制度的制定

根据水量平衡原理,可用图解法或列表法制定生育期的灌溉制度。当用列表法计算

时,与制定水稻灌溉制度的方法基本一样,不同的是,旱作物的计算时段以旬为单位。

按水量平衡方法制定灌溉制度,如果作物耗水量和降雨量资料比较精确,其计算结果比较接近实际情况。对于大型灌区,由于自然地理条件差别较大,应分区制定灌溉制度,并与前面调查和试验结果相互核对,以求切合实际。应当指出,这里所讲的灌溉制度是指某一具体年份一种作物的灌溉制度,如果需要求出多年的灌溉用水系列,还须求出每年各种作物的灌溉制度。

二、非充分灌溉条件下的灌溉制度

在缺水地区或时期,由于可供灌溉的水资源不足,不能满足充分灌溉作物各生育阶段的需水要求,从而只能实施非充分灌溉。所谓非充分灌溉,就是为了获得总体效益最佳而采取的不充分满足作物需水要求的灌溉模式。非充分灌溉是允许作物受一定程度的缺水和减产,但仍可使单位水量获得最大的效益,有时也称为不充足灌溉或经济灌溉。在此条件下的灌溉制度称非充分灌溉制度。

非充分灌溉的情况要比充分灌溉复杂得多,实施非充分灌溉不仅要研究作物的生理需水规律,研究什么时候缺水及缺水程度对作物产量的影响,而且要研究灌溉经济学,使投入水量最小而获得的产量最大。因此,前面所述的充分灌溉条件下的灌溉制度的设计方法和原理就不能用于非充分灌溉制度的设计。

旱作物非充分灌溉制度设计的依据是降低适宜土壤含水率的下限指标。充分灌溉制度是根据充分满足作物最高产量下全生育期各阶段的需水量 ET_m 设计指标设计的,用以判别是否需要灌溉的田间土壤水分下限控制指标,一般都定为田间持水率的 60% ~ 70%。基于上述理论,当冬小麦单位播种面积产量为 6 000 kg/hm² 时,田间需水量高达 4 995 ~ 5 490 m³/hm²;当夏玉米单位播种面积产量为 7 500 kg/hm² 时,田间需水量高达 4 005 ~ 4 500 m³/hm²,结果高产而不省水。近年来的大量研究表明,土壤水分虽然是作物生命活动的基本条件,作物在农田中的一切生理、生化过程都是在土壤水的介入下进行的,作物对水分的要求有一定的适宜范围,超过适宜范围的供水量,只能增加作物的"奢侈"蒸腾和地面无效蒸发损失。根据我国北方各地经验,在田间良好的农业技术措施配合下,作物对土壤水分降低的适应性有相当宽的伸缩度,土壤适宜含水率下限可以从 60% ~ 70% 降低到 55% ~ 60%,作物仍能正常生长,并获得理想的产量,而使田间耗水量减少 30% ~ 40%,灌水次数和灌水定额减少一半或者更多。例如山西临汾,小麦适宜土壤含水率下限降低到占田间持水率的 50% ~ 60%,产量仍能达到 3 000 ~ 5 250 kg/hm²;在河南新乡,中国农业科学院农田灌溉研究所对玉米进行了试验,适宜土壤含水率下限降低到 50% ~ 60%,产量达 5 970 kg/hm²,大大节约了灌溉用水,从而也扩大了灌溉面积。因此,可以通过合理调控土壤水分下限指标,配合农业技术措施和管理措施,在获得同等产量下大量减少 ET_a 或者在同等 ET_a 下大幅度提高作物产量,达到节水增产的目的。采用适宜的土壤水分指标是非充分灌溉制度的核心。

当水源供水量不足时,应优先安排面临需水临界期的作物灌水,以充分发挥水的经济效益,把这一时期的水分影响降低到最小程度,这对于稳定作物产量和保证获得相当满意的产量,提高水的利用效率是非常重要的。例如,在严重缺水或者相当干旱的年份,棉花可以由灌三水(现蕾期灌一次和花铃盛期灌两次)改为灌两水(现蕾期灌一次和花铃盛期灌一次)或一水(开花期灌一次),仍能获得皮棉至少 750 kg/hm² 的产量。冬小麦灌三水(拔节期、抽穗期和灌浆期各灌水一次)改为灌两水(拔节期和抽穗期各灌一次)或一水(孕穗期灌一次),同样可以得到相当理想的产量。但是,适当限额灌水是在尽量利用降雨的条件下,考虑到作物的需水特性、主要根系活动层深度的补水要求,以及相应的灌水技术条件等实施的,绝不是灌水定额越小、灌水量越少越好。此外,我国北方各灌区也正在努力改变陈旧的"多灌水能增产"的观念。例如,据山西省夹马口灌区试验资料,小麦灌水五次,产量为 4 995 kg/hm²,而灌三水的产量为 4 875 kg/hm²,多灌两次,增产仅2.5%,非常不合算。

对于水稻则是采用浅水、湿润、晒田相结合的灌水方法,不是以控制淹灌水层的上、下限来设计灌溉制度的,而是以控制水稻田的土壤水分为主。例如,在山东省济宁大面积推广的水稻灌溉制度是:插秧前在田面保持薄水层为 5~25 mm,以利返青活苗。返青以后在田面不保留水层,而是控制土壤含水率,控制的上限为饱和土壤含水率,控制的下限为饱和土壤含水率的 60%~70%。同时,"薄露"灌溉、"水稻旱种"等技术也取得了更好的节水效果。

第四节　农作物灌溉用水量与灌水率计算

一、灌溉用水量

灌溉用水量是指灌溉土地从水源取用的水量。

影响灌溉用水量的因素:①种植面积;②作物品种;③土壤;④水文地质;⑤气象条件。

灌溉用水量影响灌区工程的规模(除灌溉制度外,还与渠系损失有关)。

(一)设计典型年的选择

前面已经介绍过,作物需水量包括植株蒸腾、株间蒸发。这部分水量来源于地下水补给、降水和灌溉:①地下水补给,灌区一定时,补给稳定;②降水,年际变化很大,年内变化也很大;③灌溉,与降雨成反比。

因此,必须设定一个年份,这个年份的降雨量代表一定的枯水频率,它是灌区灌溉设计标准情况下的降雨量。

(1)设计典型年。作为规划灌区的一个特定的水文年份。根据该年份的气象资料推求作物灌溉制度。

(2)设计灌溉用水量。相应于设计灌溉制度情况下的用水量。

(3)如何推求设计典型年。用频率方法统计分析,把各年作物生育期的降雨量从大到小排列,用经验频率公式计算频率、均值、C_v、C_s,并通过理论配线(皮尔逊Ⅲ型曲线),求出设计生育期降雨量,按实际典型年分配比例分到各日(水田)各旬(旱田)。

一般灌区中等干旱年 $P=75\%$,干旱年 $P=85\%\sim90\%$。

当灌区既有水田,又有旱田,且保证率不一致时,应该求出不同频率的设计降雨量。

例:已知某灌区附近气象站 4~8 月降雨资料共 31 年(1961—1991 年),灌区拟种植小麦和大豆,设计保证率 $P=85\%$,求设计旬降雨量。

解:计算步骤:

(1)选实际典型年生育期降雨量。

把 31 年生育期降雨量由大到小排列,列序号 $m=1,2,3,\cdots,31$,分别算出各年频率。

$$P = \frac{m}{n+1} \times 100\% \qquad (2-24)$$

(2)求均值、变差系数、偏差系数。

(3)配皮尔逊Ⅲ型曲线。

$$\overline{X} = \sum_{t=1}^{n} \frac{X_i}{n} \qquad (2-25)$$

$$C_v = \sqrt{\frac{\sum_{t=1}^{n}(K_i - 1)^2}{n-1}} \qquad (2-26)$$

$$C_s = 2C_v \qquad (2-27)$$

利用皮尔逊Ⅲ型曲线表格,查得在 X、C_v、C_s 情况下的 K_p 值,比如:$X=452.2$,$C_v=0.3$,$C_s=0.6$,查得 K_p,并计算 $X_p=K_pX$。可以配出理论曲线,并在枯水年份与实际线配合要好。

(4)在理论曲线上查得 $P=85\%$ 时的 X_p,即为设计年生育期降雨量,$X_p=330$。

(5)把 X_p 按实际典型年各旬分配比例分列各旬。

(二)典型年灌溉用水量及用水过程线

对于某个灌区来说,可能有一种作物(水稻),也可能有多种作物(旱田、水田),灌溉用水量对于多种作物来说,用水过程也是一个综合过程,并不代表某一种作物。一般情况下,可用以下两种方法计算。

1. 直接计算法步骤

(1)列出表格,填写各种作物的灌溉制度(同一频率)。

(2)一种作物,一次灌水到田间的净水量计算 $W_净 = m_i A$。

(3)一种作物生育期总灌溉净水量计算 $W_净 = \sum m_i A$。

(4)各种作物某时段灌溉净水量计算该时段内各种作物的 $\sum m_i A$ 之和。

(5)全灌区毛灌溉用水量计算:

$$W_毛 = \frac{W_净}{\eta_水} \qquad (2-28)$$

式中 $\eta_水$——灌溉水利用系数;$\eta_水 = 0.4 \sim 0.6$(地面),抽水地下水灌区 $\eta_水$ 大一些。

2. 间接推算法步骤(综合灌水定额法)

(1)求全灌区的综合灌水定额:

$$m_{综净} = a_1 m_1 + a_2 m_2 + \cdots \qquad (2-29)$$

式中 a_1、a_2、$\cdots$——各种作物面积与全灌区面积比值;

m_1、m_2、$\cdots$——该时段内各种作物灌水定额。

(2)求全灌区某时段净灌溉用水量:

$$W_{净i} = m_{综净i}A \qquad (2-30)$$

（3）求毛灌溉用水量（某时段）：

$$W_{毛i} = \frac{W_{净i}}{\eta_水} \qquad (2-31)$$

式中　$W_{毛i}$——毛灌溉用水量，m^3；

　　　$W_{净i}$——净灌溉用水量，m^3。

（4）求全灌区全生育期总灌溉用水量：

$$W_毛 = \sum W_{毛i} \qquad (2-32)$$

3. 综合灌水定额法的优点

（1）综合灌水定额是衡量全灌区用水量合理性的指标，可与类似灌区比较，偏小时，便于修改。

（2）若一个大灌区局部范围的作物比例与全灌区类似，求得局部 $m_综$ 后，可推广到全灌区。

（3）利用 $m_综$ 可推算灌区应发展的面积：

$$A = \frac{W_净}{m_综} = \frac{W_毛 \eta_水}{m_综} \qquad (2-33)$$

4. 多年灌溉用水量的确定和灌溉用水频率曲线绘制

（1）应用范围：大中型水库利用长系列方法求兴利库容时，用水一栏的用水量就是该时段的毛用水量。另外，多年调节水库规划和控制运用计划的编制，也要用到各年各时段的灌溉用水量。

（2）计算方法：逐年求出灌溉制度，并且求出每年的毛灌溉用水量，方法同前。把灌溉用水量系列统计分析，求出典型年灌溉用水量，并可绘出灌溉用水频率曲线。

5. 乡镇供水量

乡镇供水利用的是渠道，供水时应该考虑到渠道的输水能力，当在新建灌区设计渠道和建筑物时，必须考虑乡镇供水的问题，加大渠道的供水能力，或者压缩农业用水的比例，增加乡镇供水量。

当乡镇供水利用的是当地地下水时，不参与灌区的需水问题。

二、灌水率计算

灌水率指灌区单位面积（一般以万亩计）所需灌溉的净流量，单位为 $m^3/(s \cdot 万亩)$，是计算渠道引水流量和渠道设计流量的依据。

影响因素：①气象条件；②土壤因素、水文地质；③作物种类、生育期；④农业、水利措施；⑤作物种植比例；⑥灌水延续时间。

（一）灌水率的计算公式

灌水率应根据各种作物的每次灌水定额，逐一计算某作物第一次灌水时的灌水率为

$$q_{1净} = \frac{\alpha m_1}{8.64 T_1} \qquad (2-34)$$

式中　α——该作物种植面积与灌区总灌溉面积的百分比,%;

　　　m_1——灌水定额,m^3／亩;

　　　T_1——灌水时间,d。

第二次灌水同理,求出各种作物灌水率:

$$q_{2净} = \frac{\alpha m_2}{8.64 T_2} \tag{2-35}$$

(二)灌水时间的确定

灌水延续时间直接影响着灌水率的大小,在设计渠道时,也影响着渠道的设计流量以及渠道和渠系建筑物的造价。灌水时间越短,作物对水分的要求越容易得到满足,但却加大了渠道负担,灌水时间不宜过长,过长不能满足作物用水需求,尤其是主要作物的关键期的灌水,因此需要慎重选定。

(1)水稻:泡田期,7~15 d;生育期,3~5 d。

(2)小麦:播前,10~20 d;拔节,10~15 d。

(3)玉米:拔节抽穗,10~15 d;开花,8~13 d。

(三)列表计算灌水率

一般情况下,水稻灌溉制度计划灌水的天数为起始日,而旱田旬灌水定额以中间日控制。

(四)灌水率图的绘制和修正

把灌水率绘在方格纸上,修正灌水率图的原则如下:

(1)以不影响作物需水量要求为原则。

(2)尽量不改变主要作物关键期用水时间,移动时以向前移为主,不超过 3 d。

(3)灌水率图应均匀、连续。$\frac{q_{min}}{q_{max}} > 40\%$ 连续间断时,天数要超过 3 d。设计灌水率一般取 20 d 以上的最大灌水率值。

第三章　农业灌溉中喷灌工程技术研究

第一节　喷灌工程技术与系统规划研究

一、喷灌工程技术简介

喷灌是喷洒灌溉的简称。它是利用专门的系统（动力设备、水泵、管道等）将水加压（或利用水的自然落差加压）后送到田间,通过喷洒器（喷头）将水喷射到空中,并使水分散成细小水滴后洒落在田间进行灌溉的一种灌水方法。与传统的地面灌水方法相比,它具有适应性强的特点,适用于任何地形和作物;全部采用管道输水,可人为控制灌水量,对作物进行适时适量灌溉,不产生地表径流和深层渗漏,因此可节水 30%～50%,且灌溉均匀,质量高,有利于作物生长发育;减少占地,能扩大播种面积的 10%～20%;不用平整土地,省时省工,并能调节田间小气候,提高农产品的品质以及对某些作物病虫害起防治作用;有利于实现灌溉机械化、自动化等优点。

喷灌系统有多种分类方式。按水流压力方式可分为机压式喷灌系统、自压式喷灌系统和提水蓄能式喷灌系统;按喷灌设备的形式可分为机组式喷灌系统和管道式喷灌系统;按喷洒方式可分为移动式、固定式和半固定式三种类型。

机组式喷灌系统:喷灌机是将喷灌系统中有关部件组装成一体,组成可移动的机组进行作业。其组成一般是在手抬式或手推式拖拉机上安装一个或多个喷头、水泵、管道,以电动机或柴油机为动力,进行喷洒灌溉的。其结构紧凑、机动灵活、机械利用率高,能够一机多用,单位喷灌面积的投资少。轻小型喷灌机是目前我国农村地区应用较为广泛的一种喷灌系统,特别适合田间渠道配套性好或水源分布广、取水点较多的地区。

固定式喷灌系统中动力机、水泵固定,输水干管、分干管及支管均埋入地下。喷头可常年安装在与支管连接伸出地面的竖管上,也可按轮灌顺序轮换安装使用。这种形式虽然运行管理方便,便于实现自动控制,但因设备利用率低,投资大,竖管妨碍机耕,世界各国发展面积都不多。一般只用于灌水次数频繁、经济价值高的蔬菜和经济作物的灌溉。

半固定式喷灌系统中动力机、水泵及输水干管等常年或整个灌溉季节固定不动,支管、竖管和喷头等可以拆卸移动,安装在不同的作业位置上轮流喷灌。工作支管和喷头由给水控制阀向支管供水。移动支管既可以采用人工移动,也可以用机械移动。

二、喷灌工程规划

(一)系统组成

喷灌系统主要由水源工程、首部装置、管道系统和喷头等部分构成。

1.水源工程

河流、湖泊、水库和井泉等都可以作为喷灌的水源,但都必须修建相应的设施,如泵站及附属设施、水量调节池等。

2.首部装置

喷灌首部需要安装控制装置、量水装置及安全保护装置等。一般布置闸阀、止回阀、压力表、进排气阀、水表等,进排气阀是为了防止由于突然断电停机或其他事故产生的水锤破坏管道系统而布置的装置。有特殊要求时需要增加设备,如有时在首部还装有施肥装置。

3.水泵及配套动力机

喷灌需要使用有压力的水才能进行喷洒。通常是用水泵将水提吸、增压、输送到各级管道及各个喷头中,并通过喷头喷洒出来。喷灌可使用各种农用泵、离心泵、潜水泵、深井泵等。在有电力供应的地方常用电动机作为水泵的动力机。在用电困难的地方可用柴油机、拖拉机或手扶拖拉机等作为水泵的动力机,动力机功率根据水泵的配套要求而定。

4.管道系统及配件

管道系统一般包括干管、支管两级,竖管三级,其作用是将压力水输送并分配到田间喷头中去。干管和支管起输水、配水作用,竖管安装在支管上,末端接喷头。管道系统中装有各种连接和控制的附属配件,包括闸阀、三通、弯头和其他接头等,有时在干管或支管的上端还装有施肥装置。

5.喷头

喷头是将管道系统输送来的水通过喷嘴喷射到空中,形成下雨的效果洒落在地面,灌溉作物。喷头装在竖管上或直接安装于支管上,是喷灌系统中的关键设备。

6.田间工程

移动式喷灌机在田间作业,需要在田间修建水渠和调节池及相应的建筑物,将灌溉水从水源引到田间,以满足喷灌的要求。

(二)喷灌工程系统规划

喷灌工程系统规划必须充分适应农业经营条件。旱地灌溉多种多样且供水要求复杂,与农户的农业活动直接相关。单家单户灌溉有时使工程布置受到一定的制约,由此往往造成灌水量的大幅度变动,因此必须进行统一规划。

1.喷灌工程规划原则

喷灌工程规划应与各地农业发展规划、水利规划等协调一致,并考虑路、林、沟、渠及居民用地等。需要收集和勘测当地的自然条件、地形、地貌、气象、土壤、作物、水源等资料,结合水利工程现状、生产现状、动力和机械情况、生产水平等情况,进行喷灌工程可行性和经济合理性分析并提出论证结果。

2.水源工程规划

水源工程规划主要包括水源、取水方式、取水位置、水量和水质以及动力类型、可用容量等项目的选择。

3.喷洒单元的规模

喷洒单元的规模根据农业经营条件、工程设施、维护管理费等综合考虑确定。其大小最重要的是适应地形、作物种类及规模化程度、田间工程配备程度、土地所属情况等实际的农业经营条件。若不满足这些条件,工程设施的利用将受到限制,因此有必要调查规划区的集体作业和协作组织的情况,以及耕地和作物的分散程度,在此基础上确定喷洒单元的大小。当喷洒单元面积增大时,每个阀门的控制面积也增加,单位面积的工程费用随之下降。另外,对于综合利用的情况,因年使用次数增加,故不仅要考虑工程费用,还有必要从便于操作管理和减少维护管理费方面综合考虑。

4.田间灌水器材的选择

喷灌设备、阀门等田间器材直接承担田间的喷水工作,应根据作物种植种类、农业种植条件、田间基本建设状况、地形、气象条件等综合考虑确定,以充分发挥灌溉的效益,并根据使用目的和使用条件选择适宜的形式与结构。

喷头回转时间对于一般的补充灌溉,因喷洒水量多,不会因为回转时间的差异而出现喷洒不均匀的问题,故不必对回转时间特别规定。用于补充灌溉的喷头,其回转时间大多在 $1\sim5$ min,越是大型的喷头,回转时间越长。但是,综合利用时,特别是喷洒农药时,因喷洒时间极短,回转时间上的差别有可能造成喷洒不均匀,故取 $20\sim60$ s 较为适宜。

为了根据灌溉计划给定的条件控制流量,正确进行配水操作,应设置适合使用条件的调节装置。若按使用目的大致分类,有用于输水系统流量自动控制的自动阀门,有为保护管道安全而设置的管道安全阀,也有用于喷洒农药、肥料的药液均匀喷洒阀等。另外,还有给水栓、混合器(将药液注入管道)及量水装置(差压式、电磁式、超声波式、旋翼式等)。

5.田间管网设备的选择

田间设备的配置应以提高水利用率为目的合理确定,使其发挥最大效率。喷头的布置间距和喷嘴口径等的确定应保证能以适当的喷灌强度均匀喷洒,量水设备、阀门类的配置应考虑喷洒单元的大小以及操作管理的要求确定。

喷灌系统采用固定管道式喷灌系统,管道布置采用单井管网系统,干管、支管均采用高压聚氯乙烯管(PVC-U)。立管可采用高强锦塑管或镀锌钢管,立管管径选用 33 mm。为便于耕作,节约投资,立管采用活动式,灌水时临时安装,不用时将其拆除,立管可周转使用,轮流灌溉,其数量可按单井控制两套喷灌支管 $10\sim15$ 个喷头的成套设备。

喷头采用全圆喷洒形式,为使喷头不致过密,应尽量使用射程较大的喷头,以充分利用射程,使喷头有较大的间距。灌区在灌溉季节主风向比较稳定,喷头组合采用矩形组合布置形式可弥补风力的影响,不致出现漏喷现象。

管道式喷灌系统的类型很多,除固定管道式外,还可采用半固定管道式和移动管道式喷灌系统,还有机组式喷灌系统等。灌区范围广,各地自然条件、作物种植以及社会经济条件等均存在差异,因此喷灌工程规划应根据因地制宜的原则,分别采用不同类型的喷灌系统,同时喷灌工程的规划应符合当地农田水利规划的要求,应与排水、道路、林带、供电系统相结合。

6.喷灌管网规划布置

1)布置原则

输配水管网的布置应能控制全灌区,并使管道总长度最短,造价最小,同时有利于水防护,在机压系统中还应考虑使运行费用最省,注意管道安全,选择较好的基础等。

喷灌地块,大田灌溉中一般以 $10 \sim 15 \ hm^2$ 为一个灌水单元,以支管为单元实行轮灌,地埋管深度要满足机耕和防冻要求。

2)管网布置

干管布置:为系统安全考虑,干管选用硬 PVC 管,并埋于地下,一般垂直于作物种植方向。当地形坡度较陡时,一般应使干管沿主坡方向布置,路线可短些,以有利于控制管道的压力。

支管布置:一般平行于作物种植方向布置,坡地布置时,支管则可平行等高线布置,这样有利于控制支管的水头损失,使支管上各喷头工作压力尽量一致,也有利于使竖管保持铅垂,保证喷头在水平方向旋转。在梯田上布置管道时,支管一般沿梯田水平方向布置,可减少支管与梯田相交而增加的弯头等设备。应尽量避免支管向上坡布置。

支管的布置与作物耕作方向一致,对固定式喷灌系统,可减少竖管对机耕的影响;对半固定式喷灌系统,移动支管时,应便于在田垄间装卸,操作方便,也可避免践踏作物,同时充分考虑地块形状,力求使支管长度一致,管子规格统一,管线平顺,减少折点。

3)管网布置形式

(1)梳子形管网。灌区地形为一面坡,呈带形分布,当灌溉范围较小,地面高差不大时,一般需两级管网,可采用干管平行等高线、支管垂直等高线,如图 3-1 所示。如果灌区范围较大,地面坡度较陡,坡面多被山溪、河沟分割,总体看地形呈一面坡,可采用三级管网控制干管布置,在灌区坡面上方控制全灌区的分干管,以梳子形垂直等高线布置,支管基本上平行等高线。

(2)丰字形管网。地面呈一面坡,灌区范围较大但可采用两级管网控制,且地形较规则,一级干管垂直等高线布置,支管由干管向两侧平行等高线布置形成丰字形管,如图 3-2 所示。

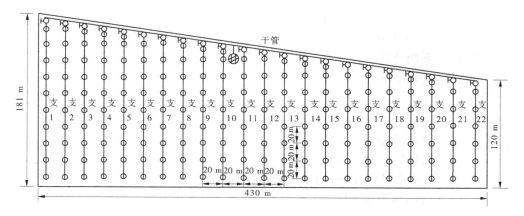

图 3-1　梳子形管网布置

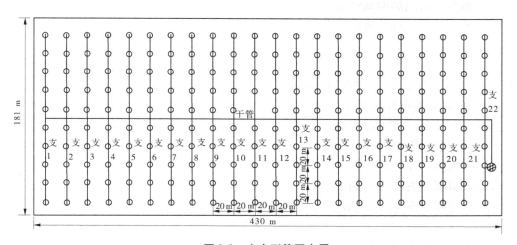

图 3-2　丰字形管网布置

第二节　农业灌溉中喷灌参数计算与工程设计研究

一、相关参数计算

(一)灌水定额计算

灌水定额由下式计算：

$$m = \frac{0.1\gamma h(\beta_1 - \beta_2)}{\eta} \quad\quad (3\text{-}1)$$

式中　m——设计灌水定额,mm;

γ——土壤密度,g/cm^3;

h——计划湿润层深度,cm;

β_1——适宜土壤含水率上限(重量,%);

β_2——适宜土壤含水率下限(重量,%);

η——喷洒水利用系数。

(二)灌水周期计算

灌水周期用下式计算:

$$T = \frac{m}{E_{\mathrm{p}}}\eta \qquad (3\text{-}2)$$

式中　T——灌水周期,d;

　　　m——设计灌水定额,mm;

　　　E_{p}——需水临界期日均需水强度,mm/d;

　　　η——喷洒水利用系数;

　　　其他符号意义同前。

(三)喷头一次喷洒时间计算

喷头在工作点上的喷洒时间与灌水定额、喷头参数和组合间距有关,可按下式计算:

$$t = \frac{abm}{1\,000q} \qquad (3\text{-}3)$$

式中　t——喷头在工作点上的喷洒时间,h;

　　　a——喷头的布置间距,m;

　　　b——支管的布置间距,m;

　　　m——设计灌水定额,mm;

　　　q——喷头流量,m³/h。

(四)喷灌系统日工作时间选择

喷灌系统日工作时间根据喷灌工程设计相关要求和实际条件进行选择,一般不小于12~16 h。

(五)喷头日喷洒点数计算

考虑半固定式喷灌系统现有备用支管,拆装和移动支管不占用喷灌作业时间,则喷头日喷洒点数用下式计算:

$$n = \frac{t_{\mathrm{r}}}{t} \qquad (3\text{-}4)$$

式中　n——每日可喷洒的工作点数;

　　　t_{r}——每日喷灌系统作业时间,h;

　　　t——喷头在工作点上的喷洒时间,h。

(六)轮灌区喷头数确定

喷灌工程设计每个轮灌区的喷头数由水源的供水能力和管道布置以及喷头的设计压力与流量适当选择。

(七)喷头选型及组合间距选定

喷头选型及组合是喷灌技术中很重要的因素,首先使组合均匀度、组合喷灌强度、雾化指标等不低于国家相关标准要求,其次要考虑种植作物和土壤质地的要求。喷头选定后,还需要确定喷嘴的直径、扬角、流量、射程等参数。参数确定后,要选用工作运转可靠、结实耐用的,由国家定点生产厂家或质量有保证、信誉度高的厂家的产品。

喷头的组合形式主要有正方形布置和平行四边形布置。

单支管多喷头同时喷洒时,组合喷灌强度由下式计算:

$$
\left.\begin{array}{l}
\rho = K_{w} C_{p} \rho_{s} \\
K_{w} = 1.08 v^{0.194} \\
\rho_{s} = \dfrac{1\,000 Q_{p}}{\pi R^{2}}
\end{array}\right\}
\tag{3-5}
$$

式中　ρ——组合喷灌强度,mm/h;

　　　K_{w}——风系数;

　　　C_{p}——布置系数;

　　　ρ_{s}——无风情况下,单喷头全圆喷洒时的喷灌强度,mm/h;

　　　v——设计风速,m/s;

　　　Q_{p}——喷头设计流量,m³/h;

　　　R——喷头射程,m。

二、喷灌工程的设计与计算

(一)管材的选择

喷灌管道是喷灌工程的主要组成部分,用于喷灌的管材种类很多,可根据地质、地形、运输、供应情况、经济能力、使用环境等条件进行合理选择。管材必须保证在规定工作压力下不发生开裂、爆管等现象,工作安全可靠。此外,还要求管材及附件价格低廉,使用年限长,内壁光滑,安装施工容易。目前,可供喷灌选择的管材主要有钢管、铸铁管、钢筋混凝土管、石棉水泥管、塑料管、薄壁铝合金管、薄壁镀锌钢管及涂塑软管等。近年来,随着塑料工业的发展和性能的改进,国内喷灌工程多选用塑料管材,主要有硬质聚氯乙烯(PVC-U)管、聚乙烯(PE)管、聚丙烯(PP)管和三型聚丙烯(PP-R)管。

喷灌管道的选用还应根据是作为固定管道还是移动管道来选择采用哪种类型的管道。

(1)轻小型移动喷灌机常用涂塑软管作为移动管道。

(2)绞盘式喷灌机多选用半软型PE管作为移动管道。

(3)地埋固定管道属于常年不移动的管道,可选用的有塑料管、铸铁管和钢管,目前多选用PVC塑料管材。

(4)移动管道在灌溉季节中经常移动。可以选用的比较多,硬质的主要有薄壁铝合金管和镀锌薄壁钢管等,半软的可用PE管材,软性的有麻布水龙带、锦塑软管等。

如图3-3所示为喷灌用PVC-U管材和移动铝管。

(二)管径的选择

1. 干管管径选择

根据规划布置的干管长度和拟订的灌溉制度计算出干管流量,先用经济管径法计算初选,然后经水力计算并参考管材规格确定。

$$
D = 13\sqrt{Q}
\tag{3-6}
$$

式中　D——计算的经济管径,mm;

图 3-3 喷灌用 PVC-U 管材和移动铝管

Q——干管流量，m^3/h。

2. 支管管径选择

根据规划布置的支管，选取最长一条进行水力计算，并按相关要求保证支管的水头损失不大于喷头正常工作压力的20%，参考管材规格确定支管管径。

3. 管道沿程水头损失计算

管道沿程水头损失的计算公式如下：

$$h_f = f\frac{LQ^m F}{d^b} \tag{3-7}$$

式中　h_f——管道沿程水头损失，m；

　　　f——摩阻系数，各种管材的摩阻系数见表 3-1；

　　　L——计算管道长度，m；

　　　Q——计算管道通过的流量，m^3/h；

　　　m——流量指数（见表 3-1），与摩阻损失有关；

　　　d——管道内径，mm；

　　　F——多口系数，无分流时，$F=1.0$；

　　　b——管径指数（见表 3-1），与摩阻损失有关。

表 3-1 各种管材的 f、m、b 值

管材	f	m	b
硬塑料管	0.948×10^5	1.77	4.77
铝合金管	0.861×10^5	1.74	4.74

4. 局部水头损失计算

$$h_j = \sum \frac{\zeta v^2}{2g} \tag{3-8}$$

式中　h_j——局部水头损失，m；

　　　ζ——局部损失系数；

　　　v——管内流速，m/s；

　　　g——重力加速度，取 $9.81\ m/s^2$。

在实际工程中，有的为了简化计算，局部水头损失取沿程水头损失的10%~15%。

5．水泵选型

（1）扬程计算选取喷灌系统运行不利状态为典型，按下式计算：

$$H = h_s + h_p + \sum h_w + \Delta h \tag{3-9}$$

式中　H——喷灌系统设计扬程，m；

　　　h_s——典型喷点的竖管高度，m；

　　　h_p——喷头的设计工作压力，m；

　　　$\sum h_w$——各级管道的阻力损失，m；

　　　Δh——计算点地面与水源水位之间的高差，m。

（2）水泵流量计算。

根据同时工作的喷头数来确定。

（3）水泵选择。

根据设计扬程和设计流量，查水泵手册，选择水泵。

第三节　喷灌工程典型案例分析

该喷灌工程位于河南省唐河县唐岗、史庄两村，总面积为2 000亩，用井水进行灌溉，平均每口井控制50~80亩地，灌溉形式采用半固定式喷灌。

一、喷灌设计技术参数的拟订

（一）灌水定额

根据相关要求，灌水定额参考式（3-1）计算。

根据项目区土壤作物和风速情况，土壤密度取1.4 g/cm³，主要根系活动层取60 cm，田间持水率为25%，适宜土壤含水率上限取田间持水率的90%，适宜土壤含水率下限取田间持水率的70%，喷洒水利用系数取0.90，代入式（3-1）经计算得：

$$m = 46.7 \text{ mm}$$

取$m_{设} = 46$ mm（相当于460 m³/hm²）。

（二）灌水周期

灌水周期可参考式（3-2）进行计算。

根据项目区作物种植情况，需水临界期日均需水强度E_p取5 mm/d，其他参数同前，经计算得，$T = 8.1$ d，取$T_{设} = 8$ d。

二、喷头选型及组合间距

（一）喷头选型

根据种植作物和土壤质地情况，拟选用中压ZY-2型喷头，其性能指标见表3-2。

表3-2　喷头性能指标

喷嘴直径/mm	工作压力/MPa	流量/（m³/h）	射程/m	喷灌强度/（mm/h）	雾化指标
6.5×3.1	0.3	3.0	19	10.5	4 615

大田粮食、果树等作物要求所选喷头雾化指标较好,满足设计要求。

(二) 组合间距

因项目区风速较小(小于 3 m/s),设计风速取 3 m/s,按照喷灌均匀系数不低于 75% 的要求,喷头组合间距取 $(0.87 \sim 1.0)R$(垂直风向),因风向不固定,按正方形布置,喷头间距和支管间距均取 18 m。

单支管多喷头同时喷洒时,组合喷灌强度由式(3-5)进行计算。根据喷头工作参数,按式(3-5)计算单喷头喷灌强度 ρ_s,由 a/R 查 C_p—a/R 曲线及布置系数 C_p,按设计风速 3 m/s 计算风系数 $K_w = 1.34$,组合喷灌强度 ρ 计算结果见表 3-3。

表 3-3   组合喷灌强度计算结果

喷嘴直径 d/mm	6.5×3.1
单喷头喷灌强度 ρ_s/(mm/h)	3.02
风系数 K_w	1.34
计算参数 $\dfrac{a}{R}$	0.95
布置系数 C_p	1.72
组合喷灌强度 ρ/(mm/h)	6.96

项目区地面坡度小于 5%,则土壤的允许喷灌强度为 10 mm/h,组合喷灌强度 ρ 小于土壤允许的喷灌强度,故喷头与支管布置间距合理。

三、喷灌管网规划布置

(一) 布置原则

(1)考虑喷灌地块,一般 $10 \sim 15 \ hm^2$ 主要用于小麦和玉米苗期等大田作物的灌溉,丘陵坡地坡度不大,拟采用半固定式形式,一般分二级布置。

(2)为便于运用管理,以支管为单元实行轮灌。

(3)地埋管深度要满足机耕和防冻要求。

(二) 管网布置

(1)干管布置:为系统安全考虑,干管选用硬 PVC 管,并埋于地下,一般垂直于作物种植方向。干管上每隔 18 m 留一支管位置。

(2)支管布置:为节省投资,支管选用移动式铝合金管,一般沿等高线(顺作物种植方向)布置。

(三) 控制装置

为了系统安全方便,首部建泵房,水泵、电机、逆止阀、闸阀等均布置在泵房内,管网最高处设排气阀,支管的进口位置设置闸阀。

四、喷灌工作制度

（一）喷头在一个位置上的喷洒时间

喷头在工作点上的喷洒时间与灌水定额、喷头参数和组合间距有关，可按式（3-3）进行计算，代入数据，经计算：t 为 4.86 h。

（二）喷灌系统日工作时间的确定

根据喷灌相关要求，半固定式喷灌系统日工作时不宜少于 10 h，现取为 12 h。

（三）喷头每日可喷洒的工作点数

考虑半固定式喷灌系统现有备用支管，拆装和移动支管不占用喷灌作业时间，则用式（3-4）进行计算，代入数据，经计算：$n = 2.47$，取 $n = 3$。

（四）每次同时喷洒的喷头数确定

因喷灌区为提水灌溉，初选 BW 型水泵，额定出水量为 36 m³/h，扬程为 56 m，则同时工作的喷头数为 11。

五、喷灌水力计算

（一）干管管径选择

根据规划布置的干管长度和拟订的灌溉制度计算干管流量，先用经济管径法计算初选，然后经水力计算并参考管材规格确定。

干管管径可按式（3-6）进行计算，Q 为 36 m³/h，代入数据，经计算：$D_{干} = 78$ mm，选用 ϕ 90 mmPVC 管材。

（二）支管管径选择

根据规划布置的支管，选取最长一条，进行水力计算，并按相关要求保证支管的水头损失不大于手喷头正常工作压力的 20%，参考管材规格确定支管管径。支管全部选用 ϕ 75 mm 铝合金管道。

（三）管道沿程水头损失计算

管道沿程水头损失可按式（3-7）进行计算。干管长 $L_{干} = 280$ m。支管长 $L_{支} = 200$ m，代入数据，经计算：$h_{f支} = 4.7$ m，$h_{f干} = 9.5$ m。

（四）局部水头损失计算

为简化计算，局部水头损失按沿程水头损失的 10% 进行估算，即为 1.42 m。

六、水泵选型

（一）扬程计算

选取喷灌系统运行不利状态为典型，按式（3-9）进行计算。其中，典型喷点的管高度 h_s 取 1.5 m；喷头的设计工作压力 h_p 为 0.3 MPa；各级管道的阻力损失 $\sum h_w$ 为 15.6 m；计算点地面与水库水位之间的高差 Δh 按 8 m 计，代入数据，经计算：典型地块喷灌系统水泵扬程为 55.1 m。

（二）水泵流量计算

根据同时工作的喷头数来确定，即水泵流量为 36 m³/h。

（三）水泵选择

根据设计扬程和设计流量,查水泵手册,选择 Z36-63 型水泵,其扬程为 63 m,流量为 36 m^3/h,配套功率为 10 kW。

七、材料用量及投资估算

喷灌系统主要材料设备用量见表 3-4。

表 3-4　典型区喷灌系统主要材料设备用量　　　　　单位:10 hm^2

名称	规格	单位	数量
水泵	Z36-63	套	1
PVC 管	ϕ 90	m	740
铝合金管	ϕ 70	m	450
闸阀	ϕ 80	个	3
截止阀	ϕ 75	个	26
逆止阀	ϕ 80	个	1
三通	ϕ 90×75	个	26
三通	ϕ 90×90	个	2
弯头	ϕ 75	个	2
支架		套	24
竖管	ϕ 25	m	36
喷头	ZY-2	套	24
接头	ϕ 25	个	24
接头	ϕ 25	个	10
直通	ϕ 90	个	5
堵头	ϕ 75	个	4
配电盘		套	1
泵房		间	1
其他			

第四节　喷灌工程施工技术与运行管理研究

一、喷灌工程施工技术分析

喷灌工程的施工要求专业化程度很高,工程一般针对性强,需要因地制宜地进行施工。喷灌工程相对一般的田间灌溉工程,其工作压力较高,系统首部控制较复杂,隐蔽的管道工程较多,喷头的安装调试要求较高,工程施工工期短,季节性和作物生长因素多,因此喷灌工程的施工一定要提高认识,严格要求,抓好质量关。喷灌工程的施工直接影响工程使用和效益的发挥,很多工程失败的主要原因就是施工质量不过关,导致在应用中问题频繁发生,严重地影响了农民对喷灌工程使用的积极性。

我国近年来大力普及喷灌工程,不论是规划设计还是施工,都积累了丰富的经验,可供参考的工程实例也很多。只要提高认识,紧抓质量,严格施工程序,就会取得较好的施工质量。不同的喷灌工程差异很大,但施工要求大同小异,现针对固定式喷灌工程进行说明,其他可参照进行。

施工程序主要包括施工准备与部署、测量放线、管沟开挖、水源首部安装、管道安装、喷头安装、试水试压、管沟回填及附属工程等。

(一)施工准备与部署

施工前需熟悉工程内容,明确工程目标,组织有经验的人员对工程进行监督与检查,规模大的可以聘请专业监理人员进行监理,并对施工的主要人员进行技术培训;对工程概况、设计图纸、设计说明、施工技术要素和质量标准进行明确,并对施工人员进行责任分工。

要求施工人员对施工进度、施工工期、施工质量、文明施工及施工管理等进行落实并形成文件合同等,对施工人员、施工机械及专用施工设备进行准备。

(二)测量放线

测量放线是把设计方案落实到实地的第一步,也是关键的一步。首先在现场找到标志点,测量控制网,标出主要控制物的中轴线及轮廓线。其次需要准备好测量仪器,如经纬仪、水准仪等,还需要配备专业的测量人员,成立专门测量小组,由项目技术负责人负责。

管道的测量放线要密切结合实际情况,明确管道的起点、终点、交叉点及转折点等,在实地定出三通、弯头、阀门、喷头立管、阀门井、排水井及镇墩等的位置。需要先在地上放出管道中线,再放出开挖边线并撒灰标明,操作顺序为:基准点确认→确定中线并打桩→确定边线并打桩。管沟的开挖由于地形的起伏不平造成开挖深度的不同,要保证沟底高程符合设计要求,而埋深也不得小于控制性埋深尺寸。

(三)管沟开挖

管沟开挖必须严格按照管线设计线路进行正直平整开挖,不得任意偏斜曲折。管沟开挖应视土壤性质,做适当的斜坡,以防止崩塌及发生危险,如挖至规定的深度,当发现砾石层、石层或坚硬物体时,需先加挖深度 10 cm,以便于配管前的填砂,再进行放置 PVC-U 管。土质较松软之处,应视情形做挡土设施,以防崩塌,管沟中如有积水,应予抽干,才可排管。传统管道安装的管沟开挖只要求能把管道放入管沟和能进行封口即可,在没有松动原有土层时,可不用加压夯实垫层,而在有特殊要求的喷灌工程中,特别是园林绿化或土质不好的地区,管沟底部要求回填 10 cm 厚不含硬物的砂土或细壤土,管道的侧面和上面均要求回填不含硬物(尤其是不能有带尖锐角的硬物)的砂土或细壤土,管道上面回填的砂层厚度要达到 20~30 cm,而后放其他回填土。回填土要求分层回填,以保证管底和管侧面回填土的密实性,从而防止管道受力不均匀所引起的变形、接口破坏和漏水等。管沟挖出的土方可堆置管沟两旁,但不得妨碍通行。

管沟挖好后,应用水准仪对沟底高程进行自检,并对平整度和宽度进行查验,必要时需请监理进行验收,验收合格后方可进行下道工序。

(四)水源首部安装

水泵及动力机的安装需明确安装要求,严格按照相关专业设备安装说明进行安装。喷灌首部如果布置有控制装置、量水装置及安全保护装置设备等,需详细了解各设备的使用及安装说明,并按要求进行安装和调试。如图3-4所示为喷灌首部布置示意。

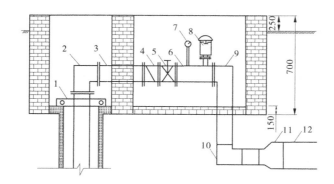

1—水泵管卡;2—弯管;3—穿墙管;4—逆止阀;5—闸阀;6—功能短管;7—压力表;8—进排气阀;
9—法兰弯管;10—弯头;11—变径管;12—地理干管。

图3-4　喷灌首部布置示意 （单位:mm）

(五)管道安装

管道安装是喷灌工程中的主要施工项目,也是工程量最大的项目。详细了解喷灌系统管道安装的基本要求,熟悉管道安装的施工方法,对保证工程品质、按期完成施工十分必要。

硬聚氯乙烯管道的对接方法有冷接法和热接法。虽然这两种方法都能满足喷灌系统管网设计要求和使用要求,但因为冷接法无须加热装备,便于现场操作,故广泛用于绿地喷灌工程。依据密封原理和操作方法的不同,冷接法又分为胶合承插法、密封圈承插法和法兰衔接法,不同衔接方法的适用条件及选用的衔接条件也不相同。因此,在选择衔接方法时,应依据管道规格、设计工作压力、施工环境以及操作人员的技巧程度等因素综合考虑,合理选择。

管道敷设应在槽床标高和管道品质检查合格后进行。管道的最大承受压力必须满足设计要求,不得采用无检测试验报告的产品。铺设管道前要对管材、管件、密封圈等重新进行一次外观检查,有品质问题的均不得采用。在日夜温差变化较大的地区,刚性接口管道施工时,应采取避免因温差产生的应力而损坏管道及接口的办法。胶合承插接口不宜在低于5 ℃的气温下施工,密封圈接口不宜在低于−10 ℃的气温下施工。

管材应平稳下沟,不得与沟壁或槽床强烈碰撞。通常情况下,将单根管道放入沟槽内黏接。当安装法兰接口的阀门和管件时,应采取避免造成外加拉应力的办法。口径大于100 mm 的阀门下应设支墩。管道在敷设进程中能够适当曲折,但曲率半径不得小于管径的 300 倍。在管道穿墙处应设预留孔或安装套管,在套管领域内管道不得有接口,管道与套管之间使用油麻堵塞。管道穿过铁路、公路时,应设钢筋混凝土板或钢套管,套管的内径应依据喷灌管道的管径和套管长度判别,以便于施工和维修。每天管道安装施工收工时,应采取管口封堵办法,避免杂物进入。施工完成后,敷设管道时所用的垫块应及时拆除。

管道连接应从水源处开始,按由前到后、先主管后支管的顺序进行施工。黏接时须将插口处倒小圆角,以形成坡口,并保证断口平整且垂直轴线,并将两端的黏合面用砂纸擦拭,并根据所需的承接深度刻上记号,在两端指定面上先用毛刷均匀地刷上专用 PVC-U 黏合剂,再将管材插入承接口,直到记号线,并旋转 90°,将黏合面的气泡除去,并及时擦去多余的黏合剂。如果是密封圈承插口 PVC-U 管材,只要注意将密封圈较厚的一侧放在里面就行了,也可在需插入的管材上刷上肥皂水,以加强润滑度,安装时需密切注意密封圈的位置,如有移动,则需要重新安装,以防漏水。

(六)喷头安装

喷头安装需要注意的是喷头位置、高度及其稳定性,在必要时还需增加镇墩进行加固,以防止摆动造成喷洒的不均匀。喷头立杆必须保持竖直,高度需要满足灌溉作物的要求。如果是地埋式伸缩喷头,喷头的顶部应和地面相平;如果灌溉的是高秆作物或灌木作物,则需在喷头立杆上增设支架进行固定,太高时还需在中间增加可拆卸装置或控制阀门。喷头安装完毕后需要对喷头喷射角度进行调整,有的绿化专用喷头还需对仰角和射程等进行调整,也可以聘请专业人员进行调整。如图 3-5 所示为喷头及管件安装示意。

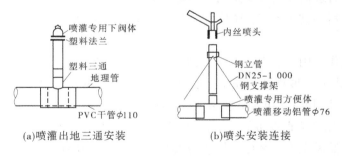

(a)喷灌出地三通安装　　　　(b)喷头安装连接

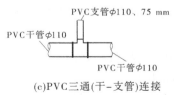

(c)PVC三通(干-支管)连接

图 3-5　喷头及管件安装示意

(七)试水试压

开启喷灌系统时,应先打开水泵并将主阀门慢慢打开,以免瞬间压力过大,造成管道系统及喷头的破裂。

应经常检查水源情况,保持水源的清洁,特别是要检查水源的过滤网是否完好,以免沙粒进入管道系统,造成喷头堵塞。另外,在管内水流产生推力的位置,如弯头、三通及管端封板处等,都应设置镇墩,以承受水流的推力。

当喷灌工程较大时,为了让施工面及时得到恢复,且不影响其他专业施工,需要对工程采取分段试压的方式,试压一段恢复一段。试压介质为净水,试压时应将管内空气排尽,并缓缓升压,达到试验压力后,保持 30 min,以无压降为合格。试压段之间的接头处不回填并做好标记,留待最终验收时检查。

(八)管沟回填及附属工程等

管道试水试压结束后,没问题的部分就可以进行回填,有监理时需请示监理后进行回填。

回填时,如原管沟的挖方为沙或沙土,即以原挖出沙或沙土回填;如原挖方为土石方,则管底一律填 10 cm 厚的沙,管顶也要先填沙 10~30 cm 厚,然后上方覆土,如以原挖出的沙或沙土回填,管顶 30 cm 厚内,不得有石块等杂物。当管沟有水时,回填前应先予排除。沙和土回填后,应分层夯实。每层厚为 20~30 cm,回填结束后,可以进行附属工程的施工,如泵房、镇墩、阀门井、排水井及穿路设施等,需要严格按设计要求进行施工。

二、喷灌工程运行管理

喷灌系统建成后,能否发挥其重要作用,运行管理是关键的。运行管理主要需要注意工程系统的管理和系统的操作使用。

工程系统的管理需要对各个运行环节进行管理,特别是对专业设备(如电气设备、进排气设备、喷洒设备)进行管理,还应加强用水管理、财务管理、设施维护开支等项目的管理。

工程系统操作使用专业性比较强,需要专人进行管理。

(1)制定合理的发展规划和灌水制度,成立专门的管理机构或明确专管人员,制定运行操作规程和管理制度;操作人员应培训后上岗。

(2)灌水前,先要检查设备的完整性,再将要灌溉的喷头打开。

半固定式喷灌需先将给水栓上栓体与田间地上下栓体快速连接,再将移动支管与三通立管快速连接,最后将喷头立管与末端堵管连接,并固定好支架,稳定喷头。田间喷灌支管安装好后,打开下栓体。

(3)启动水泵,打开首部控制闸阀,观测首部压力,正常情况下,对首部压力进行控制,当压力过大时,应适当关闭首部闸阀。

(4)在更换轮灌区时,需要先打开下一组轮灌区的控制阀门,再关闭上一组轮灌区的阀门。半固定式喷灌为了提高喷灌效率,每个系统需要配备两套喷灌支管,每次只开一套支管,等第一套支管灌完后,应先打开第二套支管,再关闭第一套支管。

(5)当压力过低时,可能是水泵供水量不足,应检查水泵是否运行正常,电网电压是否偏低,机井水位是否下降,涌水量是否不足等,并及时处理。

（6）灌水完毕,应先关闭水泵电源,然后关闭田间控制阀或给水栓下栓体。

（7）灌水结束后,应将移动管道等冲洗干净、晾干收盘,将喷灌竖管三通等收捆好并入库保管,以备下次灌水时使用。

（8）长期不需灌溉时,应把地面可拆卸的设备收回,经保养后妥善保管。

（9）在冻害地区,冬季应在最后一次灌水后打开泄水阀放空管道。

（10）应根据管理制度,定期检查工程及配套设施的状况,并及时进行维护、修理或更换。

第四章　农业灌溉中微灌工程技术研究

第一节　微灌系统基础研究

一、微灌系统的类型与特点

(一)微灌系统的类型

微灌是利用专门设备将有压水流变成细小的水流或水滴,湿润作物根部附近土壤的灌水方法,它包括滴灌、微喷灌和涌泉灌等。因此,微灌系统也可以分为滴灌系统、微喷灌系统和涌泉灌系统等。

1. 滴灌

滴灌即滴水灌溉,是利用塑料管道和安装在直径约 10 mm 毛管上的孔口非常小的灌水器(滴头或滴灌带等),消杀水中具有的能量,使水一滴一滴缓慢而又均匀地滴在作物根区土壤中进行局部灌溉的灌水形式。由于滴头流量很小,只湿润滴头所在位置的土壤,水主要借助土壤毛管张力入渗和扩散。因此,它是目前干旱缺水地区最有效的一种节水灌溉方式,对水的利用率可达 95%,因此,较喷灌具有更高的节水增产效果,同时还可以结合灌溉给作物施肥,提高肥效 1 倍以上。它适用于果树、蔬菜、经济植物及温室大棚灌溉,在干旱缺水的地方也可用于大田作物灌溉。其不足之处是滴头出流孔口小,流程长,流速又非常缓慢,易结垢和堵塞,因此应对水源进行严格的过滤处理。

2. 微喷灌

微喷灌又称为微型喷洒灌溉,是利用塑料管道输水,通过很小的喷头(微喷头)将水喷洒在土壤或作物表面进行局部灌溉。与一般的喷灌相比,微喷头的工作压力明显下降,有利于节约能源、节省设备投资,同时具有调节田间小气候的优点,又可结合灌溉为作物施肥,提高肥效,可使作物增产 30%。微喷灌与滴灌相比,微喷头的工作压力与滴头相近,不同的是,微喷头可以充分利用水中能量,将水喷到空中,在空气中消杀能量,且微喷头不仅比滴头湿润面积大,流量和出流孔口都较大,水流速度也明显加快,大大减小了堵塞的可能性。可以说,微喷灌是扬喷灌和滴灌之所长、避其所短的一种理想灌水形式。微喷灌主要应用于果树、经济植物、花卉、草坪、温室大棚等灌溉。

3. 涌泉灌

涌泉灌又称为涌灌、小管灌溉,是通过从开口小管涌出的小水流将水灌入土壤的灌水方式,如图 4-1 所示。由于灌水流量较大(但一般不大于 220 L/h),有时需在地表筑沟埂来控制灌水。此种灌水方式的工作压力很低,不易堵塞,但田间工程量较大,适用于地形较平坦地区的果树等灌溉。

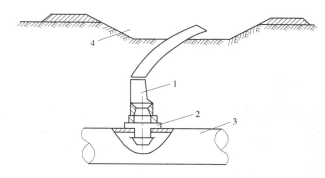

1—ϕ 4 小管;2—接头;3—毛管;4—灌水沟。

图 4-1 涌泉灌灌溉示意 （单位:mm）

(二) 常用微灌系统的特点

1. 微灌的优点

(1)省水。每亩用水量相当于地面灌溉用水量的 1/8 ~1/6、喷灌用水量的 1/3。

(2)省地。干、支管全部埋在地下,可节省渠道占用的土地(占耕地 2% ~4%)。

(3)省肥、省工。随水滴施化肥,减少肥料流失,提高肥效;减少修渠、平地、开沟筑畦的用工量,比地面灌溉省工约 50% 以上。

(4)节能。微灌与喷灌相比,要求的压力低,灌水量少,抽水量减少和抽水扬程降低,从而减少了能量消耗。

(5)灌水效果好。能适时地给作物供水供肥,不会造成土壤板结和水土流失,且能充分利用细小水源,为作物根系发育创造良好条件。

(6)对土壤和地形的适应性强,微灌系统可以有效地控制灌水速度,使其不产生地面径流和深层渗漏;微灌靠压力管道输水,对地面平整程度要求不高。

2. 微灌的缺点

尽管微灌有许多优点,但也存在一些缺点,需引起重视。

(1)灌水器容易堵塞。灌水器的孔径较小,容易被水中的杂质、污物堵塞。因此,微灌用水需进行净化处理。一般应先进行沉淀,除去大颗粒泥沙,再经过滤器过滤,除去细小颗粒的杂质等,特殊情况下还需进行化学处理。

(2)限制根系发展。微灌只湿润作物根区部分土壤,加上作物根系生长的向水性,因而会引起作物根系向湿润区生长,从而限制了根系的生长范围。在干旱地区采用微灌时,要正确布置灌水器。在平面上布置要均匀,在深度上最好采用深埋式;在补充性灌溉的半干旱地区,每年有一定量的降雨补充,因此上述问题不很突出。

(3)会引起盐分积累。当在含盐量高的土壤上进行微灌或是利用咸水微灌时,盐分会积累在湿润区的边缘。若遇到小雨,这些盐分可能会被冲到作物根区而引起盐害,这时应继续进行微灌。在没有充分冲洗条件的地方或是秋季无充足降雨的地方,不要在高含盐量的土壤上进行微灌或利用咸水微灌。

二、微灌系统的组成

微灌系统由水源工程、首部枢纽、输配水管网和灌水器组成,如图 4-2 所示。

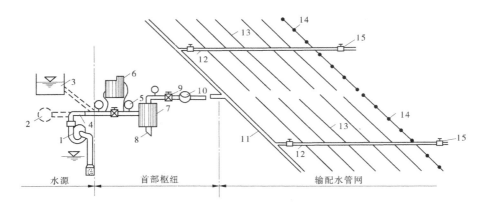

1—水泵;2—供水管;3—蓄水池;4—逆止阀;5—压力表;6—施肥罐;7—过滤器;8—排污管;9—阀门;10—水表;
11—干管;12—支管;13—毛管;14—灌水器;15—冲洗阀门。

图 4-2　微灌系统示意

(一)水源工程

河流、湖泊、塘堰、沟渠、井泉等,只要水质符合微灌要求,均可作为微灌的水源;否则,将使水质净化设备过于复杂,甚至引起微灌系统的堵塞。为了充分利用各种水源进行灌溉,往往需要修建引水、蓄水和提水工程,以及相应的输配电工程。这些统称为水源工程。

(二)首部枢纽

微灌系统的首部通常由水泵及动力机、控制阀门、水质净化装置、施肥(药)装置、测量和保护设备等组成。首部枢纽担负着整个系统的驱动、检测和调控任务,是全系统的控制调度中心。

(三)输配水管网

微灌系统的输配水管网一般分干、支、毛三级管道。通常干、支管埋入地下,也有将毛管埋入地下的,以延长毛管的使用寿命。

(四)灌水器

微灌系统的灌水器安装在毛管上或通过连接小管与毛管连接,有滴头、微喷头、微喷带、涌水器和滴灌带等多种形式,或置于地表,或埋入地下。灌水器的结构不同,水流的出流形式也不同,有滴水式、喷涌式和涌泉式等。

第二节　微灌系统的主要设备研究

一、灌水器

(一)微灌工程对灌水器的基本要求

(1)出水量小。灌水器出水量的大小取决于工作水头高低、过水流道断面大小和出流受阻的情况。微灌工程用的灌水器的工作水头一般为 5～15 m。过水流道直径或孔径一般为 0.3～2.0 mm,出水流量为 2～200 L/h。

（2）出水均匀、稳定。一般情况下，灌水器的出流量随工作水头变化而变化。因此，要求灌水器本身具有一定的调节能力，使得在水头变化时，流量的变化较小。

（3）抗堵塞性能好。灌溉水中总会含有一定的污物和杂质，由于灌水器流道和孔口较小，在设计和制造灌水器时要尽量采取措施，提高它的抗堵塞性能。

（4）制造精度高。灌水器的流量大小除受工作水头影响外，还受设备制造精度的影响，如果制造偏差过大，每个灌水器的过水断面差别就会很大，无论采取哪种补救措施，都很难提高灌水器的出水均匀度。因此，为了保证微灌灌水质量，要求灌水器的制造偏差系数 C_v 值一般不宜大于 0.07。

（5）结构简单，便于制造安装。

（6）坚固耐用，价格低廉。灌水器在整个微灌系统中用量较大，其费用往往占整个系统总投资的 25%～30%。另外，在移动式微灌系统中，灌水器要连同毛管一起移动，为了延长使用寿命，要求在降低价格的同时，还要保证产品的经久耐用。

实际上，绝大多数灌水器不能同时满足上述所有要求。因此，在选用灌水器时，应根据具体使用条件，只满足某些主要要求即可。例如，使用水质不好的地面水源时，要求灌水器的抗堵塞性能较高，而在使用相对较干净的井水时，对灌水器的抗堵塞性能的要求就可以低一些。

（二）灌水器的分类

灌水器种类很多，按结构和出流形式可分为滴头、滴灌带、微喷头、涌水器等。

1. 滴头

滴头的作用是减弱经毛管输送来的有压水流中的能量，使其以稳定的速度一滴一滴地滴入土壤。滴头常用塑料压注而成，工作压力约为 100 kPa，流道最小孔径为 0.3～1.0 mm，流量为 0.6～12 L/h。

按结构来分，滴头有以下几种：

（1）流道式滴头。靠水流与流道壁之间的摩阻消能来调节出水量的大小，如微管滴头、内螺纹管式滴头等，如图 4-3、图 4-4 所示。

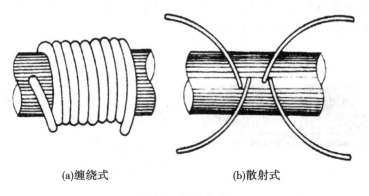

(a)缠绕式 (b)散射式

图 4-3 微管滴头

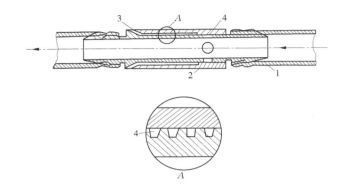

1—毛管;2—滴头;3—滴头出水;4—螺纹流道。

图 4-4　内螺纹管式滴头

（2）孔口式滴头。靠孔口出流造成的局部水头损失来消能并调节出水量的大小,如图 4-5 所示。

（3）涡流式滴头。靠水流进入灌水器的涡室内形成涡流来消能和调节出水量的大小,如图 4-6 所示。

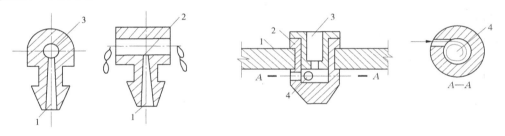

1—进口;2—出口;3—横向出水道。	1—毛管壁;2—滴头体;3—出水口;4—涡流室。
图 4-5　孔口式滴头	图 4-6　涡流式滴头

（4）压力补偿式滴头。利用水流压力压迫槽口滴头内的弹性体(片),使流道(或孔口)形状改变或过水断面面积发生变化,从而使出流量自动保持稳定,同时具有自动清洗功能,如图 4-7 所示。表 4-1 给出了部分压力补偿式滴头的性能。

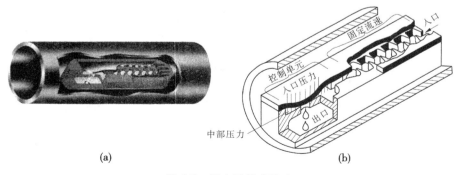

(a)　　　　(b)

图 4-7　压力补偿式滴头

表4-1　压力补偿式滴头的性能

名称	优点	适应性	流量/(L/h)	压力补偿范围/kPa
压力补偿式滴头	保持恒流,灌水均匀;自动清洗,抗堵塞性能好;灵活方便,滴头可预先安装在毛管上,也可在施工现场安装	适用于各种地形及作物,适用于滴头间距变化的情况,适用于系统压力不稳定时,适用于大面积控制	2	80~400
			4	
			8	
			4	70~350
			4	100~300

2. 滴灌带

将滴头与毛管制造成一个整体,兼具配水和滴水功能的滴灌管称为滴灌带,如图4-8所示。"蓝色轨道"16 mm滴灌带流量参数见表4-2,不同坡度下"蓝色轨道"滴灌带最大铺设长度见表4-3,其他滴灌带参数见表4-4。

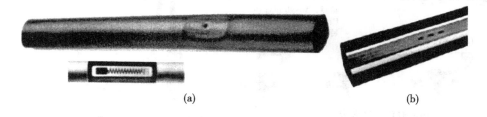

(a)　　　　　　　　　　　　　　　　　　　　(b)

图4-8　滴灌带示意

表4-2　"蓝色轨道"16 mm滴灌带的流量参数

编码	滴头间距/mm	单滴头流量(7 m水头)/(L/h)	百米带流量(7 m水头)/(L/h)
EA5××1234	300	0.84	274
EA5××2428	600	1.40	230

表4-3　不同坡度下"蓝色轨道"滴灌带最大铺设长度　　　　　单位:m

流量	滴头间距/cm	EU(均匀度)/%	下坡+3%	下坡+2%	下坡+1%	平坡0	上坡-1%	上坡-2%
低	30	90	73	320	333	260	131	76
超高	40	90	213	223	245	173	109	72

表4-4　其他滴灌带参数

管径/mm	壁厚/mm	流量/(L/h)	工作压力/100 kPa	滴头间距/mm	编号
16	0.3	2.7	0.3~1.2	300	1233
16(地埋)	0.4	2.7	0.3~1.5	300	1243C

3. 微喷头

微喷头是将压力水流以细小水滴喷洒在土壤表面,湿润土壤满足作物需水要求的灌水器。单个微喷头的喷水量一般不超过 250 L/h,射程一般小于 7 m,有射流式、离心式、折射式、缝隙式等,种类繁多,可供选择的余地很大。在工程设计使用中可以兼顾方方面面的需求加以选定。全圆均匀喷洒的各种微喷头性能参数见表 4-5,部分微喷头的外形见图 4-9。

表 4-5　全圆均匀喷洒的各种微喷头性能参数

编号	产品名称	喷嘴直径/mm	工作压力/100 kPa	流量/(L/h)	喷洒半径/m
2020A	双桥折射微喷头	1.2	2.0~3.5	75~91	0.75~1.0
2240	十字雾化喷头	1.0	2.5~4.0	4~7.5	1.2~3.0
2110	单嘴旋转微喷头	1.4	1.5~3.5	102~135	3.0~3.5

工作压力:0.10~0.25 MPa;
流量:50~90 L/h;
喷洒半径:3~5 m;
特点:喷洒均匀、无死角。

(a)全圆旋转喷头

(b)折射式雾化喷头
工作压力:0.1 MPa;
流量:30~60 L/h;
喷洒半径:1.2~1.5 m;
特点:喷洒半径小、安装方便、价格低。

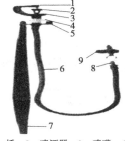

1—桥;2—喷洒器;3—喷嘴;4—防雾化器;
5—转换支架;6—毛管;7—插杆;8—毛管接头;
9—快接头。

(c)微喷头结构

(d)旋转式微喷头
工作压力:0.1~0.3 MPa;
流量:50~110 L/h;
喷洒半径:2~4 m。

图 4-9　部分微喷头的外形

(三)灌水器的结构参数和水力性能参数

结构参数和水力性能参数是微灌灌水器的两项主要技术参数。结构参数主要指流道或孔口尺寸,对于滴灌带,还包括管带的直径和壁厚。水力性能参数主要指流态指数、制造偏差系数、工作压力、流量,对于微喷头,还包括射程、喷灌强度、水量分布等。

1. 灌水器的流量与压力关系

微灌灌水器的流量与压力关系用式(4-1)表示:

$$q = kh^x \qquad (4-1)$$

式中 q——灌水器的流量,L/h;

      k——流量系数;

      h——工作水头,m;

      x——流态指数,反映了灌水器的流量对压力变化的敏感程度,当滴头内水流为全层流时,流态指数 $x=1$,即流量与工作水头成正比,当滴头内水流为全紊流时,流态指数 $x=0.5$,全压力补偿器的流态指数 $x=0$,即出水流量不受压力变化的影响,其他各种形式的灌水器的流态指数在 $0\sim1.0$ 变化。

2. 制造偏差系数

灌水器的流量与流道直径的 $2.5\sim4$ 次幂成正比,在灌水器制造中,制造上的微小偏差将会引起较大的流量偏差,由于制造工艺和材料收缩变形等的影响,不可避免地会产生制造偏差。在实践中,一般用制造偏差系数来衡量产品的制造精度,其计算式为

$$C_v = \frac{S}{\bar{q}} \tag{4-2}$$

$$S = \sqrt{\frac{1}{n-1}\sum_{i=1}^{n}(q_i - \bar{q})^2} \tag{4-3}$$

$$\bar{q} = \frac{\sum_{i=1}^{n} q_i}{n} \tag{4-4}$$

式中 $\bar{q}$——滴头的平均流量,L/h;

      C_v——灌水器的制造偏差系数;

      S——流量标准偏差,L/h;

      q_i——所测每个滴头的流量,L/h;

      n——所测灌水器的个数,个。

《微灌工程技术规范》(GB/T 50485—2020)规定,灌水器制造偏差系数不宜大于 0.07。

二、管道及附件

管道是微灌系统的主要组成部分。各种管道与连接件按设计要求组合安装成一个微灌输配水管网,按作物需水要求向田间和作物输水及配水。管道与连接件在微灌工程中用量大、规格多、所占投资比重大,其型号规格和质量的好坏不仅直接关系微灌工程费用多少,而且关系微灌能否正常运行和管道使用寿命的长短。

(一)对微灌用管与连接件的基本要求

1. 能承受一定的内水压力

微灌管网为压力管网,各级管道必须能承受设计工作压力,才能保证安全输水与配水。因此,在选择管道时,一定要了解各种管材与连接件的承压能力。而管道的承压能力与管材及连接件的材质、规格、型号及连接方式等有直接关系。

2. 耐腐蚀、抗老化性能强

微灌系统中,灌水器的孔口很小,因此微灌管网要求所用的管道与连接件应具有较强

的耐腐蚀性能和抗老化性能。

3.规格尺寸与公差必须符合相关要求

管径偏差与壁厚偏差应在允许范围内,管道内壁要光滑、平整、清洁,外观光滑,无凹陷、裂纹和气泡,连接件无飞边和毛刺。

4.价格低廉

微灌管道及连接件在微灌系统投资中所占比重大,应力求选择满足微灌工程要求且价格便宜的管道及连接件。

5.安装施工容易

各种连接件之间及连接件与管道之间的连接要简单、方便、牢固且不漏水。

(二)微灌用管的种类

微灌工程一般采用塑料管。塑料管具有抗腐蚀、柔韧性较好、能适应较小的局部沉陷、内壁光滑、输水摩阻小、比重小、质量轻和运输安装方便等优点,是理想的微灌用管。塑料管的主要缺点是受阳光照射时易老化,埋入地下时,塑料管的老化问题将会得到较大程度的缓解,使用寿命可达 20 年以上。对于大型微灌工程的骨干输水管道(如输水总干管等),当塑料管不能满足设计要求时,也可采用其他材质的管道,但要防止因锈蚀而堵塞灌水器。

微灌系统常用的塑料管主要有两种:聚乙烯管(Poiyethylene,简称 PE)和聚氯乙烯管,ϕ 63 mm 以下的管采用聚乙烯管,ϕ 63 mm 以上的管采用聚氯乙烯管。聚乙烯管按树脂级别分为低密度聚乙烯和 PE63 级、PE80 级三类。

(三)微灌管道连接件的种类

连接件是连接管道的部件,也称管件。管道种类及连接方式不同,连接件也不同。鉴于微灌工程中大多用聚乙烯管,因此这里仅介绍聚乙烯管连接件。目前,国内微灌用聚乙烯塑料管的连接方式和连接件有两大类:一类是外接式管件(ϕ 20 mm 以下的管也采用内接式管件);另一类是内接式管件。两者的规格尺寸相异,选用时一定要了解连接管道的规格尺寸,选用与其相匹配的管件。

(1)接头。它的作用是连接管道。根据两个被连接管道的管径大小分为同径连接接头和异径连接接头。根据连接方式不同,聚乙烯接头分为螺纹式接头、内插式接头和外接式接头三种。

(2)三通。它是用于管道分叉时的连接件,与接头一样,三通有同径和异径两种。每种型号又有内插式和螺纹式两种。

(3)弯头。在管道转弯和地形坡度变化较大之处就需要用弯头连接。其结构也有内插式和螺纹式两种。

(4)堵头。它是用来封闭管道末端的管件,有内插式和螺纹式两种。

(5)旁通。它用于支管与毛管间的连接。

(6)插杆。它用于支撑微喷头,使微喷头置于规定高度。

(7)密封紧固件。它用于内接式管件与管连接时的紧固。

三、微灌的过滤设备

微灌要求灌溉水中不含有造成灌水器堵塞的污物和杂质。而任何水源(包括水质良好的井水）都不同程度地含有污物和杂质。这些污物和杂质可分为物理、化学和生物类，诸如尘土、沙粒、微生物及生物体的残渣等有机物质，碳酸钙等易产生沉淀的化学物质，以及菌类、藻类等水生动植物。在进行微灌工程规划设计前，一定要对水源水质进行化验分析，并根据选用的灌水器类型和抗堵塞性能，选定水质净化设备。

过滤设备主要有以下几种：

（1）旋流式水沙分离器，又称离心式过滤器或涡流式过滤器。优点是能连续过滤高含沙量的灌溉水。缺点是：①不能除去与水密度相近或比水轻的有机质等杂物，特别是水泵启动和停机时，过滤效果会下降，会有较多的沙粒进入系统，水头损失也较大；②水沙分离器只能作为初级过滤器，而后使用筛网过滤器进行处理，这样可减轻网式过滤器的负担，延长冲洗周期。

（2）砂石过滤器，又称砂介质过滤器。是利用砂石作为过滤介质的砂石过滤器，主要由进水口、出水口、过滤罐体、砂床和排污孔等部分组成。

（3）筛网过滤器。它是一种简单而有效的过滤设备。这种过滤器的造价较为低，在国内外微灌系统中使用最为广泛。筛网过滤器由筛网、壳体、顶盖等部分组成。

（4）叠片式过滤器。它是用数量众多的带沟槽的薄塑料圆片作为过滤介质，工作时水流通过叠片，泥沙被拦截在叠片沟槽中，清水通过叠片的沟槽进入下游。

各种过滤器如图 4-10 所示，其性能见表 4-6。

(a)离心式过滤器　　　　　(b)砂石过滤器　　　　　(c)全塑过滤器

图 4-10　各种过滤器

表 4-6　各种过滤器的性能

规格	项目	砂石过滤器	离心式过滤器	全塑过滤器
1″	流量、压力			6.3 m³/h、0.4 MPa
2″	流量、压力	5~17 m³/h、0.8 MPa	5~20 m³/h、0.8 MPa	22.5 m³/h、0.4 MPa
3″	流量、压力	10~35 m³/h、0.8 MPa	10~40 m³/h、0.8 MPa	45 m³/h、0.4 MPa
4″	流量、压力		40~80 m³/h、0.8 MPa	

例：某滴灌系统过滤器的选择。

解：项目的所用水源为地下水，水中含有细砂及少量大粒径砂粒，属于水质条件较好的水源种类。采用二级过滤系统，第一级采用离心式过滤器，可过滤水中的大部分砂石；第二级采用叠片式过滤器，可进一步对水质进行净化，确保水质清洁，以保证滴灌管线长期使用不会发生堵塞的现象。

四、施肥装置

利用微灌系统使可溶性肥料或农药溶液可通过安装在首部的施肥（农药）装置进行。施肥装置有压差式施肥罐、开敞式肥料罐、文丘里注入器、注入泵等，如图 4-11 所示。

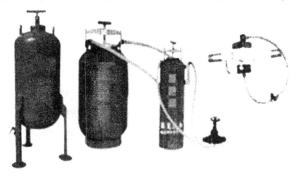

图 4-11　各种施肥器

（1）压差式施肥（药）罐。它由储液罐、进水管、出水管、调压阀等几部分组成，是利用干管上的调压阀所造成的压差，使储液罐中的肥液注入干管。其优点是加工制造简单，造价较低，不需外加动力设备。缺点是溶液浓度变化大，无法控制，罐体容积有限，添加化肥次数频繁且较麻烦，输水管道因设有调压阀而造成一定的水头损失。

（2）开敞式肥料罐主要用于自压滴灌系统中，在自压水源如蓄水池的正常水位下部适当的位置安装肥料罐，将其供水管（及阀门）与水源相连，打开肥料罐供水管阀门和输液阀，肥料罐中的肥液就自动随水流输送到灌溉管网及各个灌水器对作物施肥。

（3）文丘里注入器。一般并联于管路上，它与开敞式肥料罐配套组成一套施肥装置（见图 4-11），使用时先将化肥或农药溶于开敞式肥料罐中，然后接上输液管即可开始施肥。其结构简单，使用方便，主要适用于小型微灌系统向管道注入肥料或农药。

微灌系统施肥或施农药应当注意如下事项：

（1）化肥或农药的注入一定要放在水源与过滤器之间，使肥液先经过过滤器，再进入灌溉管道，以免堵塞管道及灌水器。

（2）施肥和施农药后，必须利用清水把残留在系统内的肥液或农药全部冲洗干净，防止设备被腐蚀。

（3）在化肥或农药输液管与灌水管连接处一定要安装逆止阀，防止肥液或农药流进水源。

五、控制测量与保护装置

(一)量测仪表

流量、压力量测仪表用于测量管线中的流量或压力,包括水表、压力表等。水表用于测量管线中流过的总水量,根据需要可以安装于首部,也可以安装于任何一条干、支管上,如果安装在首部,须设于施肥装置之前,以防肥料腐蚀。压力表用于测量管线中的内水压力,在过滤器和密封式施肥装置的前后各安设一个压力表,可观测其压力差,通过压力差的大小能够判定施肥量的大小和过滤器是否需要清洗。

(二)控制装置

控制器用于对系统进行自动控制,一般控制器具有定时或编程功能,根据用户给定的指令操作电磁阀或水动阀,进而对系统进行控制。

阀门是直接用来控制和调节微灌系统压力流量的操纵部件,布置在需要控制的部位上,其形式有闸阀、逆止阀、空气阀、水动阀、电磁阀等。

(三)安全装置

为保证微灌系统安全运行,需在适当位置安装安全保护装置。微灌系统常用的安全装置主要有进排气阀与泄水阀、压力调节器等,如图 4-12 所示。进排气阀与泄水阀工作压力分别为 $\frac{3}{4}''$、0.4 MPa,$1\frac{1}{2}''$、0.8 MPa。其性能特点为:能自动向管道进气与排气,有效防止管道破裂;自动关闭与开启系统末端出水口,以防管道存水冻裂。

(a)进排气阀与泄水阀　　　　　　　　　　　　　　(b)压力调节器

图 4-12　安全装置示意

第三节　微灌工程规划设计研究

一、微灌工程规划设计的原则

(1)微灌工程规划应与其他灌溉工程统一安排。如喷灌和管道输水灌溉,都是节水、节能灌水新技术,各有其特点和适用条件。在规划时,应结合各种灌水技术的特点,因地制宜地统筹安排,使各种灌水技术都能发挥各自的优势。

(2)微灌工程规划应考虑多目标综合利用。目前,微灌大多用于干旱缺水的地区,规划微灌工程时应与当地人畜饮水与乡镇工业用水统一考虑,以求达到一水多用的目的。这样不仅可以解决微灌工程投资问题,而且可以促进乡镇工业的发展。

(3)微灌工程规划要重视经济效益,尽管微灌具有节水、节能、增产等优点,但一次性投资较高。兴建微灌工程应力求获得最大的经济效益。为此,在进行微灌工程规划时,要先考虑在经济收入高的经济作物区开展微灌。

(4)因地制宜、合理地选择微灌形式。我国地域辽阔,各地自然条件差异很大,山区、丘陵、平原、南北方的气候、土壤、作物等都各不相同。加之微灌的形式也较多,各有其优缺点和适用条件,因此在规划和选择微灌形式时,应贯彻因地制宜的原则,切忌不顾条件盲目照搬外地经验。

(5)近期发展与远景规划相结合。微灌系统规划要将近期安排与远景发展结合起来,既要着眼于长远发展规划,又要根据现实情况,讲求实效,量力而行。根据人力、物力和财力,做出分期开发计划,使微灌工程建成一处,用好一处,尽快发挥工程效益。

二、基本资料的收集

(1)地形资料。地形图(1:200~1:500)且标注灌区范围。

(2)土壤资料。包括土壤质地、田间持水率、渗透系数等。

(3)作物情况。包括作物的种植密度、走向、株行距等。

(4)水文资料。包括取水点水源来水系列及年内月分配资料、泥沙含量、水井位置、供电保证率、水井出水量、动水位等。

(5)气象资料。包括逐月降雨、蒸发、平均温度、湿度、风速、日照、冻土深。

(6)其他社会经济情况。包括行政单位人口、土地面积、耕地面积、管理体制等。

三、水源分析与用水量的计算

(一)水源来水量分析

水源来水量分析的任务是研究水源在不同设计保证率年份的供水量、水位和水质,为工程规划设计提供依据。微灌工程水源通常有以下几种类型:井、泉类水源,河渠类水源,塘、坝类水源。

(二)灌溉用水量分析

微灌用水量应根据设计水文年的降雨、蒸发、作物种类及种植面积等因素计算确定。

(三)水量平衡计算

水量平衡计算的目的是根据水源情况确定微灌面积或根据面积确定需要供水的流量。

1. 微灌面积的确定

已知来水量确定灌溉面积,其计算公式为

$$A = \frac{\eta Q t}{10 E_a} \tag{4-5}$$

式中　A——可灌面积,hm^2;

　　　η——灌溉水利用系数;

　　　Q——可供流量,m^3/h;

t——水源日供水时数,h/d;

E_a——设计耗水强度,mm/d。

2. 确定需要的供水流量

当灌溉面积已经确定时,计算需要的供水流量,可以采用式(4-5)计算。

例:某地埋滴灌系统水量平衡计算。

(1)基本资料:某井灌区机井出水量在 200 m³/h 以上,地埋滴灌系统面积为 1 200 亩,作物最大耗水强度为 4.5 mm/d,试确定微灌面积。

(2)计算单井控制面积,其中:$E_a = 4.5$ mm/d,$t = 20$ h/d,$\eta = 0.95$。

解:根据现有机井出水量,计算控制面积为

$$A = \frac{\eta Q t}{10 E_a} = \frac{0.95 \times 200 \times 20}{10 \times 4.5} = 84.44(\text{hm}^2) = 1\ 267(\text{亩})$$

最大控制面积为 1 267 亩。

(3)平衡分析:系统面积为 1 200 亩,小于 1 267 亩,机井出水量满足设计要求。

四、微灌系统布置

微灌系统布置通常是先在地形图上做初步布置,然后将初步布置方案带到实地,与实际地形做对照,进行修正。微灌系统布置所用的地形图比例尺一般为 1:200~1:500。

微灌管网应根据水源位置、地形、地块等情况分级,一般应由干管、支管和毛管三级管道组成。面积大时可增设总干管、分干管或分支管,面积小时可只设支管、毛管两级管道。

(一)毛管和灌水器的布置

毛管和灌水器的布置方式取决于作物种类和所选灌水器的类型。下面分别介绍滴灌系统毛管、微喷灌系统毛管和灌水器的一般布置形式。

1. 滴灌系统毛管和灌水器的布置

(1)单行毛管直线布置,如图 4-13(a)所示。毛管顺作物行布置,一行作物布置一条毛管,滴头安装在毛管上。这种布置方式适用于幼树和窄行密植作物。

(2)单行毛管带环状管布置,如图 4-13(b)所示。当滴灌成龄果树时,常常需要用一根分毛管绕树布置,其上安装 4~6 个单出水口滴头,环状管与输水毛管相连接。这种布置形式增加了毛管总长。

(3)双行毛管平行布置。滴灌高大作物可用双行毛管平行布置,如图 4-13(c)所示,沿作物行两边各布置一条毛管,每株作物两边各安装 2~3 个滴头。

(4)单行毛管带微管布置,如图 4-13(d)所示。当使用微管滴灌果树时,每一行树布置一条毛管,再用一段分水管与毛管连接,在分水管上安装 4~6 条微管,也可将微管直接插于输水毛管上。这种安装方式毛管的用量少,因而降低了工程造价。

上述各种布置形式滴头的位置与树干的距离一般约为树冠半径的 2/3。

2. 微喷灌系统毛管和灌水器的布置

微喷头的结构和性能不同,毛管和微喷头的布置也不同。根据微喷头的喷洒直径和作物种类,一条毛管可控制一行作物,也可控制若干行作物。图 4-14 是常见的微喷灌系统毛管与灌水器布置形式。

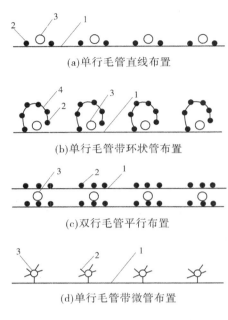

(a)单行毛管直线布置

(b)单行毛管带环状管布置

(c)双行毛管平行布置

(d)单行毛管带微管布置

1—毛管;2—灌水器;3—果树;4—绕树环状管。

图4-13　滴灌系统毛管和灌水器布置形式

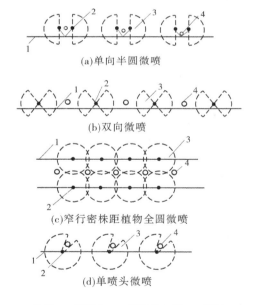

(a)单向半圆微喷

(b)双向微喷

(c)窄行密株距植物全圆微喷

(d)单喷头微喷

1—毛管;2—微喷头;3—湿润的土壤;4—果树。

图4-14　微喷灌系统毛管与灌水器布置形式

(二)干、支管布置

干、支管的布置取决于地形、水源、作物分布和毛管的布置。其布置应满足管理方便、工程费用少的要求。在山区,干管多沿山脊布置,或沿等高线布置,支管则垂直等高线布置,向两边的毛管配水。在平地,干、支管应尽量双向控制,两侧布置下级管道,以节省管材。

系统布置方案不是唯一的,有很多可以选择的方案,具体实施时,应结合水力设计优化管网布置,尽量缩短各级管道的长度。

(三)首部枢纽布置

首部枢纽是整个微灌系统操作控制的中心,其位置的选择主要是以投资省、便于管理为原则。一般首部枢纽与水源工程相结合。如果水源较远,则首部枢纽可布置在灌区旁边,有条件时尽可能布置在灌区中心,以减少输水干管的长度。

五、微灌工程规划设计参数的确定

(一)设计耗水强度

设计耗水强度采用设计年灌溉季节月平均耗水强度峰值,并由当地试验资料确定,无实测资料时,可通过计算或按表4-7选取。

表4-7 设计耗水强度   单位:mm/d

植物种类	滴灌	微喷灌	植物种类	滴灌	微喷灌
葡萄、树、瓜类	3~7	4~8	蔬菜(保护地)	2~4	—
粮、棉、油等植物	4~7	—	蔬菜(露地)	4~7	5~8
冷季型草坪	—	5~8	人工种植的紫花苜蓿	5~7	
暖季型草坪	—	3~5	人工种植的青贮玉米	5~9	

注:1. 干旱地区宜取上限值;

2. 对于在灌溉季节敞开棚膜的保护地,应按露地选取设计耗水强度值;

3. 葡萄、树等选用涌泉灌时,设计耗水强度可参照滴灌选择;

4. 人工种植的紫花苜蓿和青贮玉米设计耗水强度参考值适用于内蒙古、新疆干旱和极度干旱地区。

(二)微灌设计土壤湿润比

微灌设计土壤湿润比是指在计划湿润土层内,湿润土体占总土体的比值。通常以地面以下20~30 cm处湿润面积占总灌溉面积的百分比来表示。土壤湿润比取决于作物、灌水器流量、灌水量、灌水器间距和所灌溉土壤的特性等。

规划设计时,要根据作物的需要、工程的重要性及当地自然条件等,按表4-8选取。

表4-8 微灌设计土壤湿润比(%)

植物种类	滴灌、涌泉灌	微喷灌	植物种类	滴灌、涌泉灌	微喷灌
果树	30~40	40~60	人工灌木林	30~40	—
乔木	25~30	40~60	蔬菜	60~90	70~100
葡萄、瓜类	30~50	40~70	小麦等密植作物	90~100	
草灌木(天然的)	—	100	马铃薯、甜菜、棉花、玉米	60~70	
人工牧草	60~70		甘蔗	60~80	

注:干旱地区宜取上限值。

设计土壤湿润比越大,工程保证程度就要求越高,投资及运行费用也越大。

设计时将选定的灌水器进行布置,并计算土壤湿润比。要求其计算值稍大于设计土壤湿润比,若小于设计值,就要更换灌水器或修改布置方案。常用灌水器典型布置形式的土壤湿润比 P 的计算公式如下。

1. 滴灌

(1)单行毛管直线布置,土壤湿润比按下式计算:

$$P = \frac{0.785D_w^2}{S_e S_1} \times 100\% \qquad (4\text{-}6)$$

式中　　P——土壤湿润比(%);

D_w——土壤水分水平扩散直径或湿润带宽度,m 其大小取决于土壤质地、滴头流量和灌水量大小;

S_e——灌水器或出水口间距,m;

S_1——毛管间距,m。

(2)双行毛管平行布置,土壤湿润比 P 按下式计算:

$$P = \frac{P_1 S_1 + P_2 S_2}{S_r} \times 100\% \qquad (4\text{-}7)$$

式中　　P_1——与 S_1 相对应的土壤湿润比(%);

S_1—— 一对毛管的窄间距,m;

P_2——与 S_2 相对应的土壤湿润比(%);

S_2—— 一对毛管的宽间距,m;

S_r——作物行距,m。

(3)单行毛管带环状管布置,土壤湿润比 P 按式(4-8)或式(4-9)计算:

$$P = \frac{0.785nD_w^2}{S_t S_r} \times 100\% \qquad (4\text{-}8)$$

或

$$P = \frac{nS_e S_w}{S_t S_r} \qquad (4\text{-}9)$$

式中　　n—— 一株果树下布置的灌水器数;

D_w——地表以下 30 cm 深处的湿润带宽度,m;

S_t——果树株距,m;

S_r——果树行距,m;

S_w——湿润带宽度,m;

其他符号意义同前。

2. 微喷灌

(1)微喷头沿毛管均匀布置时的土壤湿润比为:

$$P = \frac{A_w}{S_e S_1} \times 100\% \qquad (4\text{-}10)$$

$$A_w = \frac{\theta}{360°}\pi R^2 \qquad (4\text{-}11)$$

式中　　A_w——微喷头的有效湿润面积,m²;

θ——湿润范围平面分布夹角,(°),当为全圆喷洒时,$\theta = 360°$;

R——微喷头的有效喷洒半径,m;

其他符号意义同前。

（2）一株树下布置 n 个微喷头时的土壤湿润比计算公式为:

$$P = \frac{nA_w}{S_t S_r} \times 100\% \tag{4-12}$$

式中　n—— 一株树下布置的微喷头数;

其他符号意义同前。

例:土壤湿润比的校核。

荔枝基本沿等高线种植,株距×行距为 4.5 m×6.0 m,每行树布置一条毛管,毛管沿等高线布置,毛管间距等于果树行距,即 6.0 m。毛管上微喷头间距与荔枝树株距相等,即 4.5 m。微喷头为全圆喷洒,射程为 2.0 m。设计土壤湿润比为 40%,试校核微灌土壤湿润比。

解:计算微灌土壤湿润比:

$$P = \frac{\pi R^2}{4.5 \times 6.0} \times 100\% = \frac{3.14 \times 2.0^2}{4.5 \times 6.0} \times 100\% = 46.5\% > 40\%$$

因此,满足设计湿润比的要求。

（三）微灌的灌水均匀度

影响灌水均匀度的因素很多,如灌水器工作压力的变化、灌水器的制造偏差、堵塞情况、水温变化、微地形变化等。目前,在设计微灌工程时,能考虑的只有水力学（压力变化）和制造偏差两种因素对均匀度的影响。微灌的灌水均匀度可以用克里斯琴森（Chnstiansen）均匀系数 C_u 来表示,并由下式计算:

$$C_u = \frac{1 - \overline{\Delta q}}{\overline{q}} \tag{4-13}$$

$$\overline{\Delta q} = \frac{1}{n} \sum_{i=1}^{n} |q_i - q| \tag{4-14}$$

式中　C_u——微灌均匀系数;

$\overline{\Delta q}$——灌水器流量的平均偏差,L/h;

q_i——各灌水器流量,L/h;

$\overline{q}$——灌水器平均流量,L/h;

n——所测的灌水器数目。

（四）灌水器流量偏差率和工作水头偏差率

流量偏差率指同一灌水小区内灌水器的最大、最小流量之差与设计流量的比值。工作水头偏差率指同一灌水小区内灌水器的最大、最小工作水头之差与设计工作水头的比值。灌水器流量偏差率和工作水头偏差率按下式计算:

$$q_v = \frac{q_{max} - q_{min}}{q_d} \times 100\% \tag{4-15}$$

$$h_v = \frac{h_{max} - h_{min}}{h_d} \times 100\% \tag{4-16}$$

式中　q_v——灌水器流量偏差率,%,其值取决于均匀系数 C_u,当 C_u 分别为 98%、95%、

　　　　92% 时,q_v 分别为 10%、20%、30%;

　　　q_{max}——灌水器最大流量,L/h;

　　　q_{min}——灌水器最小流量,L/h;

　　　q_d——灌水器设计流量,L/h;

　　　h_v——灌水器工作水头偏差率(%);

　　　h_{max}——灌水器最大工作水头,m;

　　　h_{min}——灌水器最小工作水头,m;

　　　h_d——灌水器设计工作水头,m。

灌水器流量偏差率与工作水头偏差率之间的关系可用下式表示:

$$h_v = \frac{q_v}{x}\left(1 + 0.15\frac{1-x}{x}q_v\right) \tag{4-17}$$

式中　x——灌水器流态指数。

灌水器流量偏差率不应大于 20%,即 $[q_v] \leqslant 20\%$。

(五) 灌溉水利用系数

微灌灌溉水利用系数,滴灌不低于 0.90,微喷灌不低于 0.85。

(六) 灌溉设计保证率

微灌工程灌溉设计保证率应根据自然条件和经济条件确定,不应低于 85%。

六、微灌系统的设计

(一) 微灌灌溉制度的确定

微灌灌溉制度是指作物全生育期(对于果树等多年生作物则为全年)每一次的灌水量、灌水周期、一次灌水延续时间、灌水次数和全生育期(或全年)灌水总量。

1.设计灌水定额 m

设计灌水定额 m 可根据当地试验资料或按下式计算确定:

$$m = 0.001\gamma h P(\beta_{max} - \beta_{min}) \tag{4-18}$$

式中　m——设计灌水定额,mm;

　　　γ——土壤密度,g/cm³;

　　　h——计划湿润土层深度,cm;

　　　P——微灌设计土壤湿润比(%);

　　　β_{max}——适宜土壤含水率上限(质量百分比,%);

　　　β_{min}——适宜土壤含水率下限(质量百分比,%)。

2.设计灌水周期 T

设计灌水周期取决于作物、水源和管理情况,可根据试验资料确定。在缺乏试验资料的地区,可参照邻近地区的试验资料并结合当地实际情况按下式计算确定:

$$T = \frac{m}{I_a} \qquad\qquad (4-19)$$

式中　T——设计灌水周期,d;

　　　I_a——设计供水强度,mm/d;

　　　其他符号意义同前。

3. 一次灌水延续时间 t

一次灌水延续时间可按下式计算:

$$t = \frac{mS_e S_1}{\eta q_d} \qquad\qquad (4-20)$$

式中　t—— 一次灌水延续时间,h;

　　　q_d——灌水器设计流量,L/h;

　　　η——灌溉水利用系数;

　　　其他符号意义同前。

对于成龄果树,当一株树安装 n 个灌水器时,t 可按下式计算:

$$t = \frac{mS_e S_1}{\eta n q_d} \qquad\qquad (4-21)$$

(二)微灌系统工作制度的确定

微灌系统工作制度有续灌和轮灌两种。不同的工作制度要求系统的流量不同,因而工程费用也不同,在确定工作制度时,应根据作物种类、水源条件和经济状况等因素做出合理选择。

1. 续灌

续灌是对系统内全部管道同时供水,灌区内全部作物同时灌水的一种工作制度。它的优点是每株作物都能得到适时灌水,操作管理简单。其缺点是干管流量大,工程投资和运行费用高;设备利用率低;在水源不足时,灌溉控制面积小。一般只有在小系统,例如几十亩的果园,才采用续灌的工作制度。

2. 轮灌

轮灌是支管分成若干组,由干管轮流向各组支管供水,而各组支管内部同时向毛管供水。这种工作制度减少了系统的流量,从而可减少投资,提高设备的利用率。通常采用的是这种工作制度。

在划分轮灌组时,要考虑水源条件和作物需水要求,以使土壤水分能够得到及时补充,并便于管理。有条件时,最好是一个轮灌组集中连片,各组控制的灌溉面积相等。按照作物的需水要求,全系统轮灌组的数目 N 为:

$$N = \frac{CT}{t} \qquad\qquad (4-22)$$

日轮灌次数 n 为:

$$n = \frac{C}{t} \qquad\qquad (4-23)$$

式中　C——系统日工作时间,可根据当地水源和农业技术条件确定,一般不宜大于 20 h。

(三)微灌系统水力计算

微灌系统水力计算是在已知所选灌水器的工作压力和流量以及微灌工作制度情况下,确定各级管道通过的流量,通过计算输水水头损失,来确定各级管道合理的内径。

1.管道流量的确定

1)毛管流量的确定

毛管流量是毛管上灌水器流量的总和,即

$$Q_{毛} = \sum_{i=1}^{n} q_i \tag{4-24}$$

当毛管上灌水器流量相同时

$$Q_{毛} = nq_d \tag{4-25}$$

式中　$Q_{毛}$——毛管流量,L/h;

n——毛管上同时工作的灌水器个数;

q_i——第 i 号灌水器的设计流量,L/h;

q_d——流量相同时,单个灌水器的设计流量,L/h。

2)支管流量的确定

支管流量是支管上各条毛管流量的总和,即

$$Q_{支} = \sum_{i=1}^{n} Q_{毛i} \tag{4-26}$$

式中　$Q_{支}$——支管流量,L/h;

$Q_{毛i}$——不同毛管的流量,L/h。

3)干管流量的确定

由于支管通常是轮灌的,有时是两条以上支管同时运行,有时是一条支管运行,故干管流量是由干管同时供水的各条支管流量的总和,即

$$Q_{干} = \sum_{i=1}^{n} Q_{支i} \tag{4-27}$$

式中　$Q_{干}$——干管流量,L/h 或 m³/h;

$Q_{支i}$——不同支管的流量,L/h 或 m³/h。

若一条干管控制若干个轮灌区,在运行时各轮灌区的流量不一定相同,为此在计算干管流量时,对每个轮灌区要分别予以计算。

2.各级管道管径的选择

为了计算各级管道的水头损失,必须先确定各级管道的管径。管径必须在满足微灌的均匀度和工作制度的前提下确定。

1)允许水头偏差的计算

灌水小区进口宜设有压力(流量)控制(调节)设备。当灌水小区进口未设压力(流量)控制(调节)设备时,应将一个轮灌组视为一个灌水小区。为保证整个小区内灌水的均匀性,对小区内任意两个灌水器的水力学特性有如下要求。

(1)灌水小区的流量偏差率或水头偏差率应满足如下条件:

$$q_v \leqslant [q_v] \tag{4-28}$$

式中　$[q_v]$——设计允许流量偏差率,不应大于 20%。

$$[h_v] = \frac{[q_v]}{x}\left(1 + 0.15\frac{1-x}{x}[q_v]\right) \qquad (4-29)$$

式中　$[h_v]$——设计允许水头偏差率;

　　　x——灌水器流态指数;

　　　其他符号意义同前。

因此

$$h_v \leqslant [h_v] \qquad (4-30)$$

(2)灌水小区的允许水头偏差,应按下式计算:

$$[\Delta h] = [h_v]h_d \qquad (4-31)$$

式中　$[\Delta h]$——灌水小区的允许水头偏差,m;

　　　h_d——灌水器设计工作水头,m;

　　　其他符号意义同前。

当采用补偿式灌水器时,灌水小区内设计允许水头偏差应在该灌水器允许工作水头范围。

2)允许水头偏差的分配

由于灌水小区的水头偏差是由支管和毛管两级管道共同产生的,应通过技术经济比较来确定其在支、毛管间的分配。

(1)当毛管进口不设调压装置时,分配比例按下式计算:

$$\left.\begin{array}{l} \beta_1 = \dfrac{[\Delta h] + L_2 J_2 - L_2 J_1 (a_1 n_1)^{(4.75-1.75a)/(4.75+a)}}{[\Delta h] \times \left[\dfrac{L_2}{L_1}(a_1 n_1)^{(4.75-1.75a)/(4.75+a)} + 1\right]} \\[6mm] (r_1 \leqslant 1, r_2 \leqslant 1) \\[2mm] \beta_2 = 1 - \beta_1 \\[2mm] C = b_0 d^a \end{array}\right\} \qquad (4-32)$$

式中　β_1——允许水头偏差分配给支管的比例;

　　　β_2——允许水头偏差分配给毛管的比例;

　　　L_1——支管长度,m;

　　　L_2——毛管长度,m;

　　　J_1——沿支管地形比降;

　　　J_2——沿毛管地形比降;

　　　a_1——支管上毛管布置系数,单侧布置时为 1,双侧对称布置时为 2;

　　　n_1——支管上单侧毛管的根数;

　　　r_1、r_2——支管、毛管的比降;

　　　a——指数;

　　　C——管道价格,元/m;

　　　b_0——系数;

d——管道内径,mm;

其他符号意义同前。

则支管允许水头偏差为:

$$[\Delta h_1] = \beta_1 [\Delta h]$$

毛管允许水头偏差为:

$$[\Delta h_2] = \beta_2 [\Delta h]$$

(2)当毛管进口设置调压装置时,在毛管进口设置流量调节器(压力调节器),使各毛管进口流量(压力)相等,此时小区设计允许水头偏差应全部分配给毛管,即

$$[\Delta h]_毛 = [h_v] h_d \qquad (4\text{-}33)$$

式中 $[\Delta h]_毛$——允许的毛管水头偏差,m。

3)毛管管径的确定

按毛管的允许水头损失值,初步估算毛管内径 $d_毛$ 为

$$d_毛 = \sqrt[b]{\frac{KFfQ_毛^m L}{[\Delta h]_毛}} \qquad (4\text{-}34)$$

式中 　$d_毛$——初选的毛管内径,mm;

K——考虑到毛管上管件或灌水器产生的局部水头损失而加大的系数,其取值一般为 1.1~1.2;

F——多口系数;

f——摩阻系数;

$Q_毛$——毛管流量,L/h;

m——流量指数;

L——毛管长度,m;

b——管径指数。

由于毛管的直径一般均大于 8 mm,式(4-34)中各种管材的 f、m、b 值,可按表4-9选用。

表 4-9　各种管材的 f、m 和 b 值

管材			f	m	b
硬塑料管			0.464	1.770	4.770
聚乙烯管(LDPE)	$D>8$ mm		0.505	1.750	4.750
	$D \leqslant 8$ mm	$Re>2\,320$	0.595	1.690	4.690
		$Re \leqslant 2\,320$	1.750	1.000	4.000

注:1. D 为管道内径,Re 为雷诺数。

2. 微灌用聚乙烯管的摩阻系数值相应于水温 10 ℃,其他温度时应修正。

4)支管管径的确定

(1)当毛管进口未设调压装置时,支管管径的初选可按上述分配给支管的允许水头差,用下式初估支管管径 $d_支$,即:

$$d_支 = \sqrt[b]{\frac{KFfQ_支^m L}{0.5 [h_v] h_d}} \qquad (4\text{-}35)$$

式中　$d_支$——支管内径,mm;

　　　K——考虑到支管管件产生的局部水头损失而加大的系数,通常 K 的取值范围为

　　　　　1.05~1.10;

　　　L——支管长度,m;

　　　其他符号意义同前。

f、m、b 值仍从表4-13中选取,需注意的是,应按支管的管材种类正确选用表4-13中的系数。

(2)当毛管进口采用调压装置时,由于此时设计允许水头差均分配给了毛管,支管应按经济流速来初选其管径 $d_支$:

$$d_支 = 1\,000\sqrt{\frac{4Q_支}{3\,600\pi v}} \tag{4-36}$$

式中　$d_支$——支管内径,mm;

　　　$Q_支$——支管进口流量,m³/h;

　　　v——塑料管经济流速,m/s,一般取为1.2~1.8 m/s。

5)干管管径的确定

干管管径可按毛管进口安装调压装置时,支管管径的确定方法计算确定。

在上述三级管道管径都计算出后,应根据塑料管的规格,确定实际各级管道的管径。必要时还需根据管道的规格,进一步调整管网的布局。

3.管网水头损失的计算

1)沿程水头损失的计算

对于直径大于8 mm的微灌用塑料管道,应采用勃氏公式计算沿程水头损失:

$$h_f = \frac{fQ^m}{d^b}L \tag{4-37}$$

式中　h_f——沿程水头损失,m;

　　　f——摩阻系数;

　　　Q——流量,L/h;

　　　m——流量指数;

　　　d——管道内径,mm;

　　　b——管径指数;

　　　L——管长,m。

式(4-37)中各种塑料管材的 f、m、b 值可从表4-13中选取。

微灌系统中的支、毛管为等间距、等流量分流管,其沿程水头损失可按下式计算:

$$h'_f = \frac{fSq_d^m}{d^b}\left[\frac{(N+0.48)^{m+1}}{m+1} - N^m\left(1-\frac{S_0}{S}\right)\right] \tag{4-38}$$

或　　　　　　　　　　　　　$h'_f = h_f F$

式中　h'_f——等间距、等流量分流多孔管沿程水头损失,m;

　　　F——多口系数;

S——分流孔的间距,m;

S_0——多孔管进口至首孔的间距,m;

N——分流孔总数;

q_d——毛管上单孔或灌水器的设计流量,L/h;

其他符号意义同前。

2)局部水头损失的计算

局部水头损失的计算公式为

$$h_j = \zeta \frac{v^2}{2g} \tag{4-39}$$

式中　h_j——局部水头损失,m;

ζ——局部水头损失系数;

v——管中流速,m/s;

g——重力加速度,m/s^2。

当参数缺乏时,局部水头损失也可按沿程水头损失的一定比例估算,支管为 0.05 ~ 0.10,毛管为 0.1~0.2。

4.毛管的极限孔数与极限铺设长度

水平毛管的极限孔数按式(4-40)计算,设计采用的毛管分流孔数不得大于极限孔数。

$$N_m = \text{INT} \left[\frac{5.446 [\Delta h_2] d^{4.75}}{K S_e q_d^{1.75}} \right]^{0.364} \tag{4-40}$$

式中　N_m——毛管的极限孔数;

INT[ ]——将括号内实数舍去小数,取整数;

$[\Delta h_2]$——毛管的允许水头偏差,m;

d——毛管内径,mm;

K——水头损失扩大系数,$K = 1.1 \sim 1.2$;

S_e——毛管上分流孔的间距,m;

q_d——毛管上单孔或灌水器的设计流量,L/h。

极限铺设长度采用下式计算:

$$L_m = N_m S_e + S_0 \tag{4-41}$$

式中　L_m——毛管极限铺设长度,m;

S_0——多孔管进口至首孔的间距,m;

其他符号意义同前。

例:毛管设计及水力计算。已知毛管设计最长铺设长度 120 m,主管进口压力水头 $h_d = 11$ m。计算:

(1)设计滴头工作压力偏差率 h_v,已知设计允许流量偏差率 $[q_v] = 0.2$,流态指数 $x = 0.45$。

(2)毛管极限孔数 N_m。已知毛管上单孔的设计流量 $q_d = 1.1$ L/h,毛管的内径 $d = 15.9$ mm,毛管水头损失扩大系数 $K = 1.1$,毛管滴头间距 $S_e = 0.4$ m。

（3）毛管最大铺设长度 L_m。已知多孔管进口至首孔的间距 $S_0 = 0.4$ m。

解：（1）毛管允许工作压力偏差率为：

$$[h_\mathrm{v}] = \frac{1}{x}[q_\mathrm{v}]\left(1 + 0.15\frac{1-x}{x}[q_\mathrm{v}]\right) = \frac{1}{0.45} \times 0.2 \times \left(1 + 0.15 \times \frac{1-0.45}{0.45} \times 0.2\right) = 0.46$$

（2）毛管的极限孔数为：

$$N_\mathrm{m} = \mathrm{INT}\left[\frac{5.446d^{4.75}h_\mathrm{d}[h_\mathrm{v}]}{KS_eq_\mathrm{d}^{1.75}}\right]^{0.364}$$

$$= \mathrm{INT}\left[\left(\frac{5.446 \times 15.9^{4.75} \times 11 \times 0.46}{1.1 \times 0.4 \times 1.1^{1.75}}\right)^{0.364}\right] \approx 507$$

毛管最大铺设长度为：

$$L_\mathrm{m} = N_\mathrm{m}S_e + S_0 = 507 \times 0.4 + 0.4 = 203(\mathrm{m})$$

毛管设计铺设长度 120 m 是合理的。

5. 节点的压力均衡验算

微灌管网必须进行节点的压力均衡验算。从同一节点取水的各条管线同时工作时，节点的水头必须满足各条管线对该节点的水头要求。各条管线对节点水头要求不一致，因此必须进行处理，处理办法有：一是调整部分管段直径，使各条管线对该节点的水头要求一致；二是将最大水头作为该节点的设计水头，其余管线进口根据节点设计水头与该管线要求的水头之差，设置调压装置或安装调压管（又称水阻管）加以解决，压力调节器价格较高，国外微灌工程中经常采用，我国则采用后一种方法即在管线进口处安装一段比该管管径细得多的塑料管，以造成较大水阻力，消除多余压力。

当同一节点取水的各条管线分为若干轮灌组时，各组运行时的压力状况均需计算；当同一轮灌组内各条管线对节点水头要求不一致时，应按上述处理方法进行平衡计算。

（四）机泵选型配套

微灌系统的机泵选型配套主要依据系统设计扬程、流量和水源取水方式而定。

1. 微灌系统的设计流量

微灌系统的设计流量可按下式计算：

$$Q = \sum_{i=1}^{n} q_i \tag{4-42}$$

式中　Q——系统的设计流量，L/h；

　　　q_i——第 i 号灌水器的设计流量，L/h；

　　　n——同时工作的灌水器个数。

2. 系统设计扬程

系统设计扬程按最不利轮灌条件下系统设计水头计算：

$$H = Z_\mathrm{p} - Z_\mathrm{b} + h_0 + \sum h_\mathrm{f} + \sum h_\mathrm{w} \tag{4-43}$$

式中　H——系统的扬程，m；

　　　Z_p——典型毛管进口的高程，m；

　　　Z_b——系统水源的设计水位，m；

h_0——典型毛管进口的设计水头，m；

$\sum h_f$——水泵进水管至典型毛管进口的管道沿程水头损失，m；

$\sum h_w$——水泵进水管至典型毛管进口的管道局部水头损失，m。

3. 机泵选型

根据设计扬程和流量，可以从水泵型谱或水泵性能表中选取适宜的水泵。一般水源设计水位或最低水位与水泵安装高度间的高差超过 8.0 m 时，宜选用潜水泵；反之，则可选用离心泵等。根据水泵的要求，选配适宜的动力机，防止出现"大马拉小车"或"小马拉大车"的情况。在电力有保证的条件下，动力机应首选电动机。必须说明的是，所选水泵必须使其在高效区工作，并应为国家推荐的节能水泵。

（五）首部枢纽设计

首部枢纽设计就是正确选择和合理配置有关设备及设施。首部枢纽对微灌系统运行的可靠性和经济性起着重要作用。

（1）过滤器。选择过滤器主要考虑水质和经济两个因素。筛网过滤器是最普遍使用的过滤器，含有机污染物较多的水源使用砂砾过滤器能得到更好的过滤效果，含沙量大的水源可采用离心式过滤器，必须与筛网过滤器配合使用。

（2）施肥器。应根据各施肥设备的特点及灌溉面积的大小选择，小型灌溉系统可选用文丘里施肥器。

（3）水表。水表的选择要考虑水头损失值在可接受的范围内，并配置于肥料注入口的上游，防止肥料对水表的腐蚀。

（4）压力表。压力表是系统观测设备，均应设置在干管首部，一般装置 2.5 级精度以上的压力表，以控制和观测系统供水压力。

（5）阀门。在管道系统中要设计节制阀、放水阀、进排气阀等。一般节制阀设置在水泵出口处的干管上和每条支管的进口处，以控制水泵出口流量和支管流量，实行轮灌。每个节制阀控制一个轮灌区。放水阀一般设置在干、支管的尾部，其作用是放掉管中积水。上述两种阀门处应设置阀门井，其顶部应高于阀门 20~30 cm，其余尺寸以方便操作为度。非灌溉季节，阀门井用盖板封闭，以保护阀门和冬季保温。

进排气阀一般设置在干管上。在管道布置时，因地形的起伏有时不可避免地产生凸峰，管网运行时，这些地方易产生气团，影响输水效率，故应设置排气阀将空气排出。逆止阀一般设置在输水干管首部。

当水泵运行压力较高时，由于停电等原因突然停机，将造成较大的水锤压力，当水锤压力超过管道试验压力，水泵最高反转转速超过额定转速的 1.25 倍，管道水压接近汽化压力时，应设置逆止阀。

（六）投资预算及经济评价

规划设计结束时，列出材料设备用量清单，并进行投资预算与效益分析，为方案选择和项目决策提供科学依据。

第四节 微灌工程规划设计案例分析

一、日光温室黄瓜滴灌工程设计说明

(一) 基本资料

项目区位于山东寿光,种植反季节蔬菜,本项目为一日光温室,长×宽为 60 m×9 m,面积 A = 0.81 亩;土质为壤土,密度 γ = 1.45 g/cm³,田间持水率 $\theta_\text{田}$ = 26%;作物为黄瓜,沿南北向(沿 OY 方向)种植,见图 4-15,株距×行距为 0.3 m×0.6 m,大棚内全额灌溉,黄瓜是喜水作物,生长时间长,需水量比较大。根据相关文献结合本工程所在地气候特点,盛果期灌溉补充强度 E_a 取 8 mm/d;水源为井水,水质好,适于饮用,井的出水量为 40 m³/h,井旁有容积为 25 m³、高 8 m 的水塔。

(二) 系统布置及设计参数

1. 系统布置

本工程由四部分组成,沿水流方向依次为水源工程、首部枢纽、输配水管网、毛管(灌水器)。

1) 水源工程

本滴灌系统的水源为已建机井,井水经水塔以重力流方式流入大棚,向作物供水。井的出水量可满足灌溉要求。

2) 首部枢纽

首部枢纽包括过滤设施、施肥装置等。由于项目区水质好,选用筛网过滤器能满足使用要求,施肥装置采用文丘里施肥器施肥(安装于筛网过滤器之前)。

3) 输配水管网

日光温室南北(OY)向短,东西(OX)向长,种植方向为南北(OY)向,本系统仅设支管,沿东西(OX)向铺设,既承担输水任务,又向毛管配水;毛管与支管垂直,即沿南北(OY)向铺设;支管、毛管采用 PE 管,均铺设于地面上,布置见图 4-15。

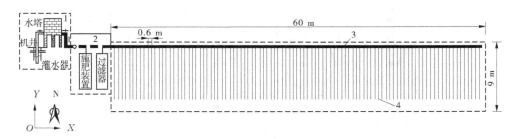

1—水源工程;2—首部枢纽;3—支管;4—毛管(含灌水器)。

图 4-15 工程布置简图

4) 灌水器

根据土壤、种植作物、气候条件,采用新疆天业生产的灌水器与毛管合为一体的单翼迷宫式滴灌带,一管一行铺设,其参数见表 4-10。

表 4-10　滴灌带参数

项目	参数	项目	参数
型号	WDF12/1.8-100	滴头间距 S_e/m	0.3
灌水器设计流量 q_d/(L/h)	1.2	毛管布设间距 S_1/m	0.6
灌水器设计工作水头 h_d/m	5	灌水器压力流量关系式	$q = 0.479h^{0.5709}$
毛管内径 d/mm	12	滴灌带铺设长度/m	9

2. 设计参数

1) 系统流量 Q

系统结构简单,面积较小,灌溉时所有毛管全部打开。假设同时工作的灌水器流量相等,同时工作的灌水器个数 $N=(9/0.3)\times(60/0.6)=3\,000$(个),灌水器设计流量 $q_d=1.2$ L/h,代入式 $Q=Nq_d$,可求得系统流量 $Q=3\,000\times1.2=3\,600$(L/h)$=3.6$ m³/h。

水塔的容积为 25 m³,可满足系统连续运行,25/3.6 = 6.94(h)。

2) 灌水小区允许水头(流量)偏差率

(1) 流量偏差率 $[q_v]$:根据相关规定,本系统取 $[q_v]=20\%$。

(2) 水头偏差率 $[h_v]$:$x=0.5709$,$[q_v]=20\%$,代入 $[h_v]=\dfrac{[q_v]}{x}\left(1+0.15\times\dfrac{1-x}{x}[q_v]\right)$,可得 $[h_v]=0.358$。

3) 土壤湿润比 P

毛管沿作物直线布置,各参数按图 4-16 计算,$n=1$,$S_e=0.3$ m,$S_w=0.45$ m,$S_t=0.3$ m,$S_1=0.6$ m,用式 $P=\dfrac{S_wS_t}{S_eS_1}\times100\%$ 计算得土壤湿润比 $P=75\%$。

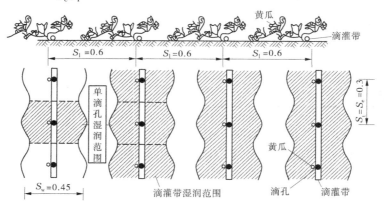

图 4-16　滴灌带与作物布置简图　(单位:m)

4) 设计灌水定额 m

由于该系统结构简单,输配水管线短,管道接头及控制阀门少,水量损失小,灌溉水利用率高,依据相关要求,灌溉水有效利用系数取 $\eta = 0.95$,按黄瓜需水高峰期根系深度取 $h = 40$ cm,$\gamma = 1.45$ g/cm³,$P = 75\%$,$\beta_{\max} = 90\% \times 26\% = 23.4\%$,$\beta_{\min} = 65\% \times 26\% = 16.9\%$,代入式 $m = 0.001\gamma hP(\beta_{\max} - \beta_{\min}) = 0.001 \times 1.45 \times 40 \times 75 \times (23.4 - 16.9) = 28.28$ mm,计算得灌水定额 $m = 28.28$ mm $= 18.85$ m³/亩。

5)设计灌水周期 T

由 $m = 28.28$ mm,$I_a = 8$ mm/d,得 $T = \dfrac{m}{I_a} = 3.5$(d),取 3 d。

6)一次灌水延续时间 t

由 $m = 28.28$ mm,$\eta = 0.95$,$S_e = 0.3$ m,$S_1 = 0.6$ m,$q_d = 1.2$ L/h,$t = \dfrac{mS_eS_1}{\eta q_d}$,计算得 $t = 4.5$ h。

系统设计参数汇总如表 4-11 所示。

表 4-11 系统设计参数汇总

序号	项目		参数值	序号	项目	参数值
1	灌溉补充强度 E_a/(mm/d)		8.000	4	土壤湿润比 $P/\%$	75.00
2	灌溉水有效利用系数 η		0.950	5	设计灌水定额 m	28.28 mm、18.85 m³/亩
3	灌水小区允许的偏差率	流量偏差率 $[q_v]$	0.200	6	设计灌水周期 $T/$d	3
		水头偏差率 $[h_v]$	0.358	7	一次灌水延续时间 $t/$h	4.50

(三)毛管和支管水力设计

日光温室的管网结构简单,一个棚内支管与其供水的毛管(所采用的单翼迷宫式滴灌带)构成一个灌水小区,毛管的铺设长度已定,其水力设计主要是计算小区允许水头偏差及毛管水头损失,以确定支管允许水头损失,从而确定支管管径和进口压力。

1. 灌水小区允许水头偏差

由 $[h_v] = 0.358$,$h_d = 5$ m,代入式 $[\Delta h] = [h_v]h_d$,得灌水小区允许水头偏差 $[\Delta h] = 1.79$ m。

2. 毛管水力计算

(1)毛管水头损失 $h_{毛}$:$f = 0.505$,$m = 1.75$,$b = 4.75$,$N = 30$,$q_d = 1.2$ L/h,$S_0 = 0.15$ m,$K = 1.1$,代入式 $h_{毛} = K\dfrac{fSq_d^m}{d^b}\left[\dfrac{(N+0.48)^{m+1}}{m+1} - N^m(1 - \dfrac{S_0}{S})\right]$,计算得 $h_{毛} = 0.007$ m。

(2)毛管进口工作压力 $h_{0毛}$:毛管水头损失极小,可认为灌水器的设计工作水头即为毛管进口压力 $h_{0毛} = 5$ m。

3. 支管水力设计

(1)支管管径的初选:毛管流量、间距已确定,支管为多孔管。$N = 100$,$m = 1.75$(聚乙烯管 $D > 8$ mm),$X = 0.5$,代入式 $F = \dfrac{N\left(\dfrac{1}{m+1} + \dfrac{1}{2N} + \dfrac{\sqrt{m-1}}{6N^2}\right) - 1 + X}{N - 1 + X}$,计算得多口系

数 $F=0.366$。又已知 $b=4.75$，$K=1.1$，$F=0.366$，$f=0.505$，$Q_支=3600$ L/h，$L=59.7$ m，$[h_v]h_d=1.79$ m，代入式 $d_支=\sqrt[b]{\dfrac{KFfQ_支^m L}{0.5[h_v]h_d}}$，得 $d_支=35.37$ mm。

根据管材生产情况，取 de40PE 管（0.25 MPa），其内径为 36.2 mm。

（2）支管水头损失计算：$K=1.1$，$F=0.366$，$f=0.505$，$m=1.75$，$b=4.75$，$Q=3600$ L/h，$d=36.2$ mm，$L=59.7$ m，代入式 $h_支=KF\dfrac{fQ^m}{d^b}L$，计算得 $h_支=0.801$ m，小于允许水头差 $0.5[h_v]h_d=0.895$ m，满足要求。

（3）支管进口压力计算：$h_d=5$ m，$h_毛=0.007$ m，$h_支=0.801$ m，代入公式 $h_{0支}=h_d+h_毛+h_支$，得支管进口设计压力 $h_{0支}=5.808$ m。

（四）首部枢纽设计

本系统田间部分实际为重力滴灌，首部枢纽的设计包括过滤装置、施肥设施、控制量测设施及保护装置的设计。由于系统面积较小，结构简单，运行压力低，控制量测设施及保护装置简单，这里不做介绍。

（1）过滤器。因水源为井水，水质好，根据系统设计流量（3.6 m³/h）并结合灌水器对水质的要求，选用规格型号为 1″、过滤精度为 120 目的筛网过滤器即可。

（2）施肥设施。本系统选用 1″文丘里施肥器。

（五）系统运行复核

水塔高 8 m，过滤器水头损失及首部枢纽水头损失按 2.1 m 计，故支管进口压力为 5.9 m，设计压力为 5.808 m，满足要求。

1. 节点压力推算

各节点压力见图 4-17。

2. 灌水小区流量与压力偏差复核

选取灌水小区压力最大的滴头和最小的滴头进行计算。因地形平坦，计算中不考虑地形高差引起的水头变化。根据灌水器流量公式 $q=0.479h^{0.5709}$，由 $h_{max}=5.808$ m，$h_{min}=5.0$ m 计算对应值 $q_{max}=1.31$ L/h，$q_{min}=1.20$ L/h，依据式（4-15），流量偏差率 $q_v=10\% < [q_v]=20\%$，满足要求。

（六）投资概算

1. 材料设备用量

本滴灌系统所需材料及设备用量详见表 4-12，在表 4-12 中对易耗材料增加 5% 损耗量，滴灌带增加 10% 损耗量。

2. 投资与效益分析

（1）日光温室滴灌与地面灌溉年投入。对比情况如表 4-13 所示。滴灌日光温室比地面灌溉日光温室年投入节约 2 000-1 672.8＝327.2（元）。

（2）日光温室滴灌效益。日光温室滴灌产量为 7 287 kg，地面灌溉日光温室产量为 5 887 kg，增产 1 400 kg，增收 1 120 元。日光温室滴灌与地面灌溉相比，每年一个日光温室增加效益 1 447.2 元。

二、日光温室黄瓜滴灌工程系统设计图

日光温室黄瓜滴灌工程系统设计图如图 4-17 所示。

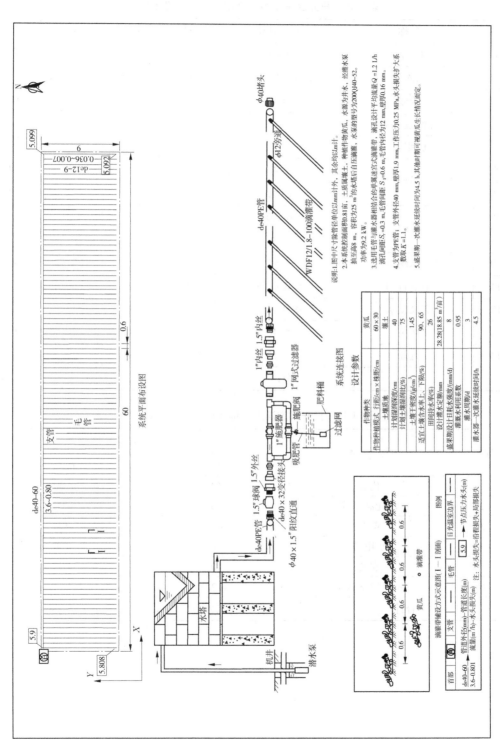

图 4-17 日光温室黄瓜滴灌工程系统设计

表 4-12　日光温室重力滴灌所需材料及设备用量

序号	名称	规格型号	单位	数量	单价/元	复价/元
1	PE管	de40	m	70	0.7	49
2	滴灌带	WDF12/1.8-100	m	990	0.2	198
3	旁通	ϕ 12	个	105	0.6	63
4	筛网过滤器	1″	个	1	80	80
5	施肥器	1″	个	1		
6	内丝	ϕ 40	个	1	2.4	2.4
7		ϕ 32	个	1	1.2	1.2
8	外丝	ϕ 40	个	1	2.4	2.4
9		ϕ 32	个	1	1.2	1.2
10	球阀	1.5″	个	1	8	8
11	阳纹直通	ϕ 40×1.5″	个	2	5	10
12	变径接头	ϕ 40×32	个	2	1.3	2.6
13	堵头	ϕ 40	个	1	1	1
14	直通	ϕ 12	个	4	1	4
合计						422.8

表 4-13　日光温室滴灌与地面灌溉年投入对比

序号	生产要素	投入/(元/年)	
		滴灌	常规灌
1	化肥	400	1 000
2	日光温室膜	300	300
3	草帘	400	400
4	水电费	50	100
5	农药	100	200
6	滴灌设备投资	422.8	—
合计		1 672.8	2 000

第五章　农业灌溉中渠道防渗工程技术研究

第一节　渠道防渗工程技术的类型及特点分析

一、概述

渠道防渗工程技术是杜绝或减少由渠道渗入渠床而流失水量的各种工程技术和方法。它是建设节水农业所采取的技术措施中最重要的组成部分之一,是提高水的利用率的一项重要措施。未采用防渗措施的渠道,渗漏损失水量一般要达到灌溉总用水量的30%~40%,许多大型渠道甚至在50%以上。我国北方大、中型灌区,渠系水利用系数最高的为0.55左右,低的仅为0.24~0.32。这就是说,从渠首引入的水量有一半以上在输水过程中损失掉,在损失的水量中,80%以上是沿程的渗漏损失,也就是说,渠道的渗漏损失是渠系水利用系数不高的决定因素。采用衬砌防渗技术,可以大大减少渠道的渗漏损失;同时可提高渠道的抗冲能力;减少渠床糙率,增加流速,加大输水能力;渠床渗漏减少后将减少灌溉对地下水的补给,防止土壤盐碱化;也能降低成本,提高灌溉效益。

(一)渠道防渗技术工程的种类及其适用条件

渠道防渗工程技术的种类很多,从防渗材料上分为土料、水泥土、石料、膜料、混凝土、沥青混凝土等;从防渗特点上分为设置防渗层、改变渠床土壤渗漏性质等。其中前者多采用各种黏土类、灰土类、砌石、混凝土、沥青混凝土、塑膜防渗层等,后者多采用夯实土壤和利用含有黏粒的土壤、淤填渠床土壤孔隙,减少渠道渗漏损失等。

各种防渗使用的主要原材料、使用年限、适用条件如表5-1所示。

(二)渠道防渗的作用

渠道防渗的作用主要有以下几个方面:

(1)提高了灌溉渠系水利用系数,节约了用水量,可扩大灌溉面积和增加灌溉亩次;

(2)充分发挥了现有工程设施的供水能力,节约了新建水源工程的资金;

(3)可减小渠道糙率,加大流速,从而减小了渠道断面及渠系建筑物工程量;

(4)减小了渠道占地面积;

(5)防止渠道冲刷坍塌,减少了渠道淤积及清淤工作量;

(6)渠水流速加快,缩短了灌溉输水时间,使灌溉更能适应农时的要求;

(7)防渗后避免了渠道杂草丛生,减少了维护管理费用;

(8)防止渠道两侧农田盐渍化,防止地下水污染。

表 5-1　防渗结构的允许最大渗漏量及适用条件

防渗衬砌结构类别		主要原材料	允许最大渗漏量/ $[m^3/(m^2 \cdot d)]$	使用年限/a	适用条件
土料	黏性土、黏砂混合土	黏质土、砂、石、石灰等	0.07 ~ 0.17	5 ~ 15	就地取材,施工简便,造价低,但抗冻性、耐久性较差,工程量大,质量不易保证。可用于气候温和地区的中、小型渠道防渗衬砌
	灰土、三合土、四合土			10 ~ 25	
水泥土	干硬性水泥土、塑性水泥土	壤土、砂壤土、水泥等	0.06 ~ 0.17	8 ~ 30	就地取材,施工较简便,造价较低,但抗冻性较差。可用于气候温和地区,附近有壤土或砂壤土的渠道衬砌
石料	干砌卵石(挂淤)	卵石、块石、料石、石板、水泥、砂等	0.20 ~ 0.40	25 ~ 40	抗冻、抗冲、抗磨和耐久性好,施工简便,但防渗效果一般,不易保证。可用于石料来源丰富,有抗冻、抗冲、耐磨要求的渠道衬砌
	浆砌块石、浆砌卵石、浆砌料石、浆砌石板		0.09 ~ 0.25		
埋铺式膜料	土料保护层、刚性保护层	膜料、土料、砂、石、水泥等	0.04 ~ 0.08	20 ~ 30	防渗效果好,重量轻,运输量小,当采用土料保护层时,造价较低,但占地多,允许流速小,可用于中、小型渠道衬砌;采用刚性保护层时,造价较高,可用于各级渠道衬砌
沥青混凝土	现场浇筑、预制铺砌	沥青、砂、石、矿粉等	0.04 ~ 0.14	20 ~ 30	防渗效果好,适应地基变形能力较强,造价与混凝土防渗衬砌结构相近。可用于有冻害地区、沥青料来源有保证的各级渠道衬砌
混凝土	现场浇筑	砂、石、水泥、速凝剂等	0.04 ~ 0.14	30 ~ 50	防渗效果、抗冲性和耐久性好,可用于各类地区和各种运用条件下的各级渠道衬砌;喷射法施工宜用于岩基、风化岩基以及深挖方或高填方渠道衬砌
	预制铺砌		0.06 ~ 0.17	20 ~ 30	
	喷射法施工		0.05 ~ 0.16	25 ~ 35	

二、土料防渗

土料防渗主要包括素土、黏砂混合土、灰土、三合土、四合土等几种材料。

(一)土料防渗的优点

(1)有较好的防渗效果。一般可减少渗漏量的 60% ~ 90%,经统计分析大量工程实践资料,渗漏量为 $0.07 \sim 0.17 \ m^3/(m^2 \cdot d)$。

（2）土料防渗材料来源丰富。凡有黏土、砂、石灰等材料的地方皆可采用,是一种便于就地取材的防渗形式。

（3）技术简单,造价低。施工技术较简单,易为群众掌握。灰土类防渗形式适用于中、小型渠道,特别适用于较贫困地区及资金缺乏的中、小型渠道防渗工程。

（二）土料防渗的缺点

（1）抗冲性较差。一般灰土类渠道的允许不冲流速要求小于 1 m/s,素土类渠道允许流速更低一些。因此,土料防渗仅能用于流速较低的渠道。

（2）抗冻性差。在气候寒冷地区,防渗层在冻融的反复作用下,从开始疏松到逐渐剥蚀,会很快丧失防渗功能。因此,灰土类防渗明渠只能适用于气候温暖无冻害地区。

（3）耐久性差。耐久性与其工作环境、施工质量关系极大。特别要注意抓好石灰的熟化、拌和、养护等几个关键环节,其耐久性差的弱点是可以得到改善的。

（三）土料防渗对原材料的质量要求

1. 土料

按照相关要求渠道防渗工程采用的素土料应按表 5-2 的要求选定,并特别要注意清除树根、草皮等有机质多的表土。

表 5-2　土料的技术要求

项目	黏性土、黏砂、混合土防渗	灰土、三合土、四合土防渗	膜料防渗土保护层及过渡层	水泥土防渗
黏粒含量(%)	20～30	15～30	3～30	8～12
砂粒含量(%)	10～60	10～60	10～60	50～80
塑性指数 I_p	10～17	7～17	1～17	—
土料最大粒径/mm	<5	<5	<5	<5
有机质含量(%)	<3.0	<1.0	—	<2.0
可溶盐含量(%)	<2.0	<2.0	<2.0	<2.5
钙质结核、树根、草根含量	不允许	不允许	不允许	不允许

注:经过论证,采用风化砂和页岩渣配制水泥土时,可不受表中土料最大粒径的限制。

2. 石灰

石灰中氧化钙和氧化镁的总含量(按干重计)应不小于 75%;石灰中氧化钙的含量应不小于 45%。

3. 砂料

砂料宜采用天然级配天然砂或人工砂。天然砂的细度模数宜为 2.2～3.0,人工砂的细度模数宜为 2.4～2.8,人工砂饱和面干含水率不宜超过 6%。混凝土可采用中砂、粗砂,砂浆可采用中砂、细砂。在缺乏中砂、粗砂地区,渠道流速小于 3 m/s 时,可采用细砂或特细砂。砂料的技术要求应符合表 5-3 的规定。砂料中有活性骨料时应进行专门试验论证。

表 5-3　砂料的技术要求

项目		沥青混凝土用砂		混凝土用砂	
		天然砂	人工砂	天然砂	人工砂
含泥量（%）	不小于 $C_{90}30$ 和有抗冻要求的混凝土	≤2	≤2	≤3	—
	$<C_{90}30$			≤5	
泥块含量		不允许	不允许	不允许	不允许
石粉含量（%）		—	<5	—	6~18
坚固性（%）	有抗冻要求的混凝土	≤10	≤10	≤8	≤8
	无抗冻要求的混凝土	≤15	≤15	≤10	≤10
云母含量（%）		≤2	—	≤2	≤2
表观密度/（kg/m³）		≥2 500	≥2 500	≥2 500	≥2 500
轻物质含量（%）		≤1	—	≤1	
硫化物及硫酸盐含量（%）（折算成 SO_3，按质量计）		—	—	≤1	≤1
有机质含量		不允许	不允许	浅于标准色	不允许
水稳定等级		不小于 4 级	不小于 4 级	—	—

三、水泥土的防渗

水泥土是以土为主，掺少量水泥，控制适宜含水率，经均匀拌和、压实、硬化而成的。因其主要靠水泥与土料的胶结与硬化，故水泥土硬化的强度类似于混凝土。水泥土防渗因施工方法不同分为干硬性水泥土和塑性水泥土两种，干硬性水泥土适用于现场铺筑或预制块铺筑进行施工的工程；塑性水泥土是一种在施工时稠度与建筑灰膏或砂浆类似，由土、水泥、水拌匀而成的混合物，因而它适用于以现场浇筑方式进行施工的工程。

（一）水泥土防渗优点

（1）料源丰富，可以就地取材。水泥土中土料占 80%~90%，凡有符合技术要求土料的地方均可采用。

（2）防渗效果较好。水泥土防渗较土料防渗效果要好，一般可以减少渗漏量 80%~90%，其渗漏量为 0.06~0.17 m³/（m²·d）。

（3）投资较少，造价较低。

（4）技术较简单，容易掌握。

（5）可以利用现有的拌和机、碾压机等施工设备施工。

（二）水泥土防渗缺点

（1）水泥土早期强度低，收缩变形较大，容易开裂，需要加强管理和养护。

（2）水泥土防渗的适应冻融变形性能差，因而，水泥土防渗宜用于气候温和的无冻害地区。

（三）水泥土防渗对原材料的质量要求

1. 土料

（1）黏粒含量宜为 8% ~ 10%。

（2）砂粒含量宜为 50% ~ 80%。

（3）岩石风化料的最大粒径不得超过 50 mm 和衬砌厚度的 1/2，但不含直径大于 5 mm 的土团。

（4）土料选用良好级配，当黏粒含量小于 5% 时，应掺入黏土；当砂砾含量小于 50% 时，宜掺入砂砾料。

（5）其他杂质的质量：①有机质含量不超过 2%；②水溶盐总量不大于 2.5%；③土的 pH 值应为 4 ~ 10；④土料中不得含有树根、杂草、淤泥等杂物。

2. 水泥

（1）一般水工混凝土中使用的水泥均可拌制水泥土。有抗冻和抗冲刷要求的渠道，宜用硅酸盐水泥或普通硅酸盐水泥。

（2）符合有关规定，要求有出厂合格证。

3. 水

凡饮用水均可用于拌制和养护水泥土。

四、砌石防渗

砌石防渗有着悠久的历史，是古老的渠道防渗形式，具有防止渗漏、加固渠堤、稳定渠形、防塌防冲等作用。

砌石防渗按结构形式分，有护面式和挡土墙式两种；按材料和砌筑方法分，有干砌卵石、干砌块石、浆砌卵石、浆砌块石、浆砌料石、浆砌片石等多种。

（一）砌石防渗的优点

1. 防渗效果较好

砌石防渗的防渗效果与砌筑质量和勾缝质量密切相关，还与采用砂浆标号有关。当质量保证时，浆砌石一般可减少渗漏损失 80% 左右。

2. 抗冲流速大，耐磨能力强

浆砌石的抗冲流速一般为 3.0 ~ 6.0 m/s，故在一定设计流量下，可以通过减小过水断面，并砌成较陡边坡，从而节约土地和降低工程投资。

3. 抗冻防冻害能力强

天然石料本身比较密实，抗温度变形能力较强。砌石防渗的衬砌厚度较厚，砌体后的冻土层相对较薄，冻害变形减小，再加上砌石本身质量和分散性较大，防冻害能力增强。

4. 施工技术简单易行，能因地制宜，就地取材

砌石防渗施工技术简单易行，不需复杂的机械设备，群众便于掌握。在石料丰富的地区，可以就地取材，降低造价。

5. 具有较强的固渠、护面作用

浆砌石防渗由于自身自重大，稳定性好，做成挡土墙式，具有较强的固定和稳定渠道

作用。在土渠做护面,可防冲,抗磨蚀。

(二)砌石防渗的缺点

1. 难以机械化施工

用工多,劳动强度大,建设慢,施工质量较难控制。

2. 造价高

砌石防渗的厚度大,用工多,因而造价高。在石料丰富地区采用砌石防渗,必须确保防渗效果好,耐久性强,通过技术经济论证后确定。

五、混凝土防渗

混凝土防渗就是用混凝土预制或现浇衬砌渠道,减少或防止渗漏损失的渠道防渗技术措施。

(一)混凝土防渗的优点

(1)防渗效果好。一般能减少渗漏损失 90% ~ 95%,根据全国统计资料,我国一般实测单位面积渗漏量为 100 L/(m² · d),最好的达 10 L/(m² · d)。

(2)经久耐用。只要设计施工和养护得好,在正常情况下,可使用 50 年以上。

(3)糙率小,流量大。一般糙率 n 值为 0.012~0.018,允许流速值为 3~5 m/s,混凝土本身的耐冲流速可达 10~40 m/s。由于 n 值小、v 值大,可加大渠道坡降,缩小断面,节省占地和渠系建筑物尺寸,并大大降低了造价。

(4)强度高,渠床稳定。混凝土衬砌的抗压、抗冻和抗冲等强度都较高,能防止土中植物穿透,对外力、冻融、冲击都有较强的抵抗作用,同时渠床也保持了稳定状态。

(5)适用范围广泛。混凝土具有良好的模塑性,可根据当地气候条件、工程的不同要求制成不同形状、不同结构形式、不同原材料、不同配合比、不同生产工艺的各种性能混凝土衬砌。

(6)管理养护方便。因渠道流速大、淤积较少、强度较高,以及渠床稳定、杂草少、不易损坏等,故便于管理养护和节省管理费用。

(二)混凝土防渗的缺点

混凝土衬砌板适应变形能力差,在缺乏砂、石料和交通不便地区造价较高。

六、膜料防渗

膜料防渗就是用不透水的土工膜来减少或防止渠道渗漏损失的技术措施。土工膜是一种薄型、连续、柔软的防渗材料。

(一)膜料防渗的优点

(1)防渗性能好。只要设计正确,施工精心,就能达到最佳防渗效果。实践证明,膜料防渗渠道一般可减少渗漏损失 90% ~ 95%。特别是在地面纵坡缓、土的含盐量大、冻胀严重而又缺乏砂石料源的地区,应当推广。

(2)适应变形能力强,防冻胀好。由于土工膜具有良好的柔性、延伸性和较强的抗拉能力,所以适用于各种不同形状的断面渠道,特别能适应冻胀变形。

(3)质轻、用量少、材料运输量小。土工膜具有薄、轻、单位重量的膜料衬砌面积大、用量少、运输量小等特点。因此，对于交通不便、当地缺乏其他建筑材料的地区具有明显经济意义。

（4）施工工艺简便，工期短，便于推广。膜料防渗施工主要是挖填土方、铺膜和膜料接缝处理等，不需复杂技术，方法简便易行，可大大缩短工期。

（5）耐腐蚀性强。土工膜具有较好的抵抗细菌侵害和化学作用的性能，不受酸碱和土壤微生物的侵蚀，耐腐蚀性强，因此特别适用于有侵蚀性水文地质条件及盐碱化地区的渠道或排污渠道的防渗工程。

（6）工程造价低，投资少。由于膜料防渗具有上述优点，所以造价低、投资省。据经济分析，每平方米塑膜防渗的造价为混凝土防渗的 1/10~1/5，为浆砌卵石防渗的 1/10~1/4，一层塑膜的造价仅相当于 1 cm 厚混凝土板造价。

（二）膜料防渗的缺点

膜料防渗的缺点是抗穿刺能力差、与土的摩擦系数小、易老化等。

随着现代塑料工业的发展，将会越来越显示出膜料防渗的优越性和经济性。膜料防渗将是今后渠道防渗工程发展的方向，其推广和使用范围将会越来越广。

（三）膜料防渗的适用范围

膜料防渗具有许多突出优点，它既适用于大、中型渠道，也适用于小型渠道。尤其对于远离砂石料源和交通不便的灌区，既能节约能源，又能解决运输紧张困难的问题，具有显著的优越性和经济效益。

七、沥青混凝土防渗

沥青混凝土是以沥青为胶结剂，与矿粉、矿物骨料经加热、拌和、压实而成的具有一定强度的防渗材料。

（一）沥青混凝土防渗的优点

（1）防水性能好，防渗效果好。一般可以减少渗漏损失 90%~95%。

（2）具有适当的柔性和黏附性，因而沥青混凝土防渗工程如果出现裂缝有自愈能力。

（3）能适应较大变形，特别是在低温下，它能适应渠基土的冻胀变形而不裂缝，因而防冻害能力强，对北方地区的渠道防渗工程有明显意义，且裂缝率为水泥混凝土防渗的 1/17。

（4）老化不严重，故耐久性好，一般可使用 30 年。

（5）造价低。沥青混凝土防渗造价仅为水泥混凝土防渗造价的 70%。

（6）无毒无害，容易修补。沥青混凝土由石油沥青拌制而成，先对裂缝处加热，然后用锤子击打，即可使裂缝弥合。

（二）沥青混凝土防渗的缺点

（1）料源不足。我国沥青的生产规模满足不了社会需求，且我国沥青多为含蜡沥青，满足不了水工沥青的要求，需要掺配和改性处理，从而限制了沥青混凝土防渗的发展。

（2）施工工艺要求严格，且加热拌和等需在高温下施工。

（3）存在植物穿透问题，在穿透性植物丛生地区，要对基土进行灭草处理。

第二节　渠道防渗工程防冻胀措施研究

一、渠道防渗工程的冻害及原因

(一)渠道防渗工程冻害类型

由于负气温对渠道防渗衬砌工程的破坏作用而失去了防渗意义,统称为渠道防渗工程的冻害。根据负气温造成各种破坏作用的性质,冻害可分为以下 3 种类型。

1. 渠道防渗材料的冻融破坏

渠道防渗材料具有一定的吸水性,这些吸入到材料内的水分在负温下冻结成冰,体积发生膨胀。当这种膨胀作用引起的应力超过材料强度时,就会产生裂缝并增大吸水性,使第二个负温周期中,结冰膨胀破坏的作用加剧。如此经过多次冻结融化循环和应力的作用,使材料破坏、剥蚀、冻酥,从而使结构完全受到破坏而失去防渗作用。

2. 渠道中水体结冰造成防渗工程破坏

当渠道在负温期间通水时,渠道内的水体将发生冻结。当冰层封闭且逐渐加厚时,会对两岸衬砌体产生冻压力,造成衬砌体破坏或产生破坏性变形。

3. 渠道基土冻融对防渗工程的破坏

由于渠道渗漏、地下水和其他水源补给,渠道基土含水率较高,在冬季负温作用下,土壤中的水分发生冻结而造成土体膨胀,使混凝土衬砌开裂、隆起而折断。在春季消融时又造成渠床表土层过湿、疏松,而使基土失去强度和稳定性,导致衬砌体的滑塌。

(二)冻害的原因

1. 土

能发生冻胀的土称为冻结敏感性土。一般的判别准则是土是否为细粒土(粒径<0.05 mm),含量大于50%的重黏土冻胀性很小,这主要是由于土中空隙孔径减小,导水率急剧下降,使水分迁移难以发生。

2. 水分

土体冻结前其本身的含水率决定着土体的冻胀与否,只有当土中水分超过一定界限值才能产生冻胀。当无外界水源补给时,土体的冻胀性强弱主要取决于土中含水量的大小;当有外界水源补给时,尽管土体初始含水率不大,但在冻结时,外界水源的补给可以使土体的冻胀性剧烈增加。

3. 温度

温度条件包括外界负气温、土温、土中的温度梯度和冻结速度等。土的冻胀过程的温度特征值有冻胀起始温度和冻胀停止温度,土的冻胀停止温度值表征当温度达到该值后,土中水的相变已基本停止,土层不再继续冻胀。在封闭系统中,黏土的冻胀停止温度是-10~-8 ℃,亚黏土是-7~-5 ℃,亚砂土是-5~-3 ℃,砂土是-2 ℃。

4. 压力

增加土体外部荷载可抑制一部分水分迁移和冻胀。如果继续增加荷载,使其等于土粒中冰水界面产生的界面能量时,冻结锋面将不能吸附未冻土体中的水分,土体冻胀停止。为防止地基土的冻胀,所需的外荷载是很大的,因而单纯依靠外荷载抑制冻胀是不现实的。

　　5.人为因素

　　渠道防渗衬砌工程会由于施工和管理不善而加重冻害破坏,如抗冻胀换基材料不符合质量要求或铺设过程中掺混了冻胀性土料;填方质量不善引起沉陷裂缝或施工不当引起收缩裂缝,加大了渗漏,从而加重了冻胀破坏;防渗层施工未严格按施工工艺要求,防渗效果差,使冻胀加剧;排水设施堵塞失效,造成土层中壅水或长期滞水等。另外,渠道停水过迟,土壤中水分不及时排除就开始冻结。开始放水的时间过早,甚至在冻结状态下,极易引起水面线附近部位的强烈冻胀,或在冻结期放水后又停水,常引起滑塌破坏;对冻胀裂缝不及时修补,造成裂缝年复一年的扩大,变形积累,造成破坏。

二、防冻害措施

　　根据冻害成因分析,防渗工程是否产生冻胀破坏,其破坏程度如何,取决于土冻结时水分的迁移和冻胀作用,而这些作用又和当时当地的土质、土的含水量、负温度及工程结构等因素有关。因而,防止衬砌工程的冻害,要针对产生冻胀的因素,根据工程具体条件从渠系规划布置、渠床处理、排水、保温、利于砌筑的结构形式、材料、施工质量、管理维修等方面着手,全面考虑。

　　(一)回避冻胀法

　　回避冻胀是在渠道衬砌工程的规划设计中,注意避开出现较大冻胀量的自然条件,或者在冻胀性土存在地区,注意避开冻胀对渠道衬砌工程的作用。

　　(1)避开较大冻胀存在的自然条件。规划设计时,应尽可能避开黏土、粉质土壤、松软土层、淤泥土地带、有沼泽和高地下水位的地段,选择透水性较强、不易产生冻胀的地段或地下水埋藏较深的地段,将渠底冻结层控制在地下水毛管补给高度以上。

　　(2)埋入措施。将渠道做成管或涵埋入冻结深度以下,可以免受冻胀力、热作用力等影响,是一种可靠的防冻胀措施,它基本上不占地,易于适应地形条件。

　　(3)置槽措施。置槽可避免侧壁与土接触以回避冻胀,常被用于中、小型填方渠道中,是一种价廉的防治措施。

　　(4)架空渠槽,用桩、墩等构筑物支撑渠槽,使其与基土脱离,避免冻胀性基土对渠槽的直接破坏作用,必须保证桩、墩等不被冻拔。此法形似渡槽,占地少,易于适应各种地形条件,不受水头和流量大小的限制,管理养护方便,但造价高。

　　(二)削减冻胀法

　　当估算渠道冻胀变形值较大,且渠床在冻融的反复作用下,可能产生冻胀累积或后遗性变形情况时,可采用削减冻胀的措施,将渠床基土的最大冻胀量削减到衬砌结构允许变化范围内。

　　(1)置换法。置换法是在冻结深度内将衬砌板下的冻胀性土换成非冻胀性材料的一种方法,通常铺设砂砾石垫层。砂砾石垫层不仅本身无冻胀,而且能排除渗水和阻止下层水向表层冻结区迁移,砂砾石垫层能有效地减少冻胀,防止冻害现象发生。

　　(2)隔热保温。将隔热保温材料(如炉渣、石蜡渣、泡沫水泥、蛭石粉、玻璃纤维、聚苯乙烯泡沫塑料等)布设在衬砌体背后,以减轻或消除寒冷因素,并可减少置换深度,隔断下层土的水分补给,从而减轻或消除渠床的冻深和冻胀。

目前采用较多的是聚苯乙烯泡沫塑料,具有自重轻、强度高、吸水性弱、隔热性好、运输和施工方便等优点。主要适用于强冻胀的大、中型渠道,尤其适用于地下水位高于渠底冻深范围且排水困难的渠道。

(3)压实。压实法可使土的干容重增加,孔隙率降低,透水性减弱,干容重较高的压实土冻结时,具有阻碍水分迁移、聚集,从而削减,甚至消除冻胀的能力。压实措施尤其对地下水影响较大的渠道有效。

(4)防渗排水。当土中的含水率大于起始冻胀含水率时,才会明显地出现冻胀现象。因此,防止渠水和渠堤上的地表水入渗,隔断水分对冻层的补给,以及排除地下水,是防止地基土冻胀的根本措施。

(三)优化结构法

所谓优化结构法,就是在设计渠道断面衬砌结构时采用合理的形式和尺寸,使其具有削减、适应、回避冻胀的能力。

弧形渠底梯形断面和 U 形渠道已在许多工程中应用,证明对防止冻胀有效。弧形渠底梯形断面适用于大、中型渠道,虽然冻胀量与梯形断面相差不大,但变形分布要均匀得多,消融后的残余变形小,稳定性强,U 形断面适用于小型支、斗渠,冻胀变形为整体变位,且变位较均匀。

(四)加强运行管理

冬季不行水渠道,应在基土冻结前停水;冬季行水渠道,在负温期宜连续行水,并保证在最低设计水位以上运行。

每年应进行一次衬砌体裂缝修补,使砌块缝间填料保持原设计状态,衬砌体的封顶应保持完好,不允许有外水流入衬砌体背后。

应及时维修各种排水设施,保证排水畅通,冬季不行水渠道,应在停水后及时排除渠内和两侧排水沟内积水。

第三节　渠道防渗工程规划设计研究

一、渠道防渗工程规划设计原则

(1)坚持正确的规划指导思想。
(2)坚持分类指导、突出重点的原则。
(3)认真做好规划设计前期工作。
(4)贯彻因地制宜、就地取材的原则。
(5)重视施工与管理工作。
(6)吸收国内外先进技术与经验。
(7)统一规划,分期实施。
(8)重视方案比较,进行必要的技术和经济论证。

二、防渗渠道断面形式的确定

防渗明渠可供选择的断面形式有梯形、矩形、复合形、弧形底梯形、弧形坡脚梯形、U形;无压防渗暗渠的断面形式可选用城门洞形、箱形、正反拱形和圆形(见图5-1)。

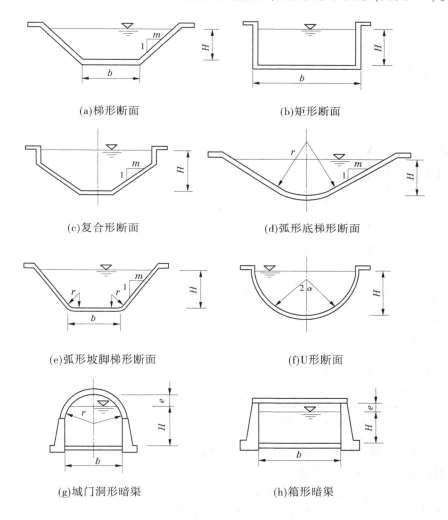

(a)梯形断面　　　　　　　　　　　(b)矩形断面

(c)复合形断面　　　　　　　　　　(d)弧形底梯形断面

(e)弧形坡脚梯形断面　　　　　　　(f)U形断面

(g)城门洞形暗渠　　　　　　　　　(h)箱形暗渠

图 5-1　防渗渠道断面形式

防渗渠道断面形式的选择应结合防渗结构的选择一并进行,不同防渗结构适用的断面形式按表5-4选定。

三、设计参数的确定

(一)边坡

(1)堤高超过3 m或地质条件复杂的填方渠道,堤岸为高边坡的深挖方渠道,大型的黏性土、黏砂混合土防渗渠道,其最小边坡系数应通过边坡稳定计算确定。

表 5-4　不同防渗结构适用的断面形式

防渗结构类别	明渠					暗渠				
	梯形	矩形	复合形	弧形底梯形	弧形坡脚梯形	U形	城门洞形	箱形	正反拱形	圆形
黏性土	√			√	√					
灰土	√	√	√	√	√		√		√	
黏砂混合土	√			√	√					
膨润混合土	√			√	√					
三合土	√	√	√	√	√		√		√	
四合土	√	√	√	√	√		√		√	
塑性水泥土	√		√	√	√					
干硬性水泥土	√		√	√	√					
料石	√	√	√	√	√	√	√	√	√	√
块石	√	√	√	√	√	√	√	√	√	√
卵石	√		√	√	√				√	
石板	√			√	√					
土保护层膜料	√			√	√					
沥青混凝土	√			√	√					
混凝土	√	√	√	√	√		√	√	√	√
刚性保护层膜料	√	√	√	√	√		√	√	√	√

注：√表示不同的防渗结构可适用的断面形式

（2）土保护层膜料防渗渠道的最小边坡系数可按表 5-5 选定；大、中型渠道的边坡系数宜按相关要求通过分析计算确定。

（3）混凝土、沥青混凝土、砌石、水泥土等刚性材料防渗渠道，以及用这些材料作为保护层的膜料防渗渠道，其最小边坡系数可按表 5-6 选用。

表 5-5　土保护层膜料防渗渠道的最小边坡系数

保护层土质类别	不同渠道设计流量/（m³/s）的最小边坡系数			
	<2	2～5	5～20	>20
黏土、重壤土、中壤土	1.50	1.50～1.75	1.75～2.00	2.25
轻壤土	1.50	1.75～2.00	2.00～2.25	2.50
沙壤土	1.75	2.00～2.25	2.25～2.50	2.75

表 5-6　刚性材料防渗渠道的最小边坡系数

防渗结构类别	渠基土质类别	不同渠道设计水深(m)的最小边坡系数											
		<1			1~2			2~3			>3		
		挖方	填方		挖方	填方		挖方	填方		挖方	填方	
		内坡	内坡	外坡	内坡	内坡	外坡	内坡	内坡	外坡	内坡	内坡	外坡
混凝土、砌石、灰土、三合土、四合土以及上述材料作为保护层的膜料防渗	稍胶结的卵石	0.75	—	—	1.00	—	—	1.25	—	—	1.50	—	—
	夹砂的卵石或砂土	1.00	—	—	1.25	—	—	1.50	—	—	1.75	—	—
	黏土、重壤土、中壤土	1.00	1.00	1.00	1.00	1.00	1.00	1.25	1.25	1.00	1.50	1.50	1.25
	轻壤土	1.00	1.00	1.00	1.00	1.00	1.00	1.25	1.25	1.25	1.50	1.50	1.50
	沙壤土	1.25	1.25	1.25	1.25	1.25	1.50	1.50	1.50	1.50	1.75	1.75	1.50

(二)糙率

(1)不同防渗结构渠道糙率可按表 5-7 选定。

表 5-7　不同防渗结构渠道糙率

防渗结构类别	防渗渠道表面特征	糙率
黏性土、黏砂、混合土	平整顺直,养护良好	0.022 5
	平整顺直,养护一般	0.025 0
	平整顺直,养护较差	0.027 5
灰土、三合土、四合土	平整,表面光滑	0.015 0~0.017 0
	平整,表面较粗糙	0.018 0~0.020 0
水泥土	平整,表面光滑	0.014 0~0.016 0
	平整,表面粗糙	0.016 0~0.018 0
砌石	浆砌料石、石板	0.015 0~0.023 0
	浆砌块石	0.020 0~0.030 0
	干砌块石	0.030 0~0.033 0
	浆砌卵石	0.025 0~0.027 5
	干砌卵石,砌工良好	0.027 5~0.032 5
	干砌卵石,砌工一般	0.032 5~0.037 5
	干砌卵石,砌工粗糙	0.037 5~0.042 5

续表 5-7

防渗结构类别	防渗渠道表面特征	糙率
混凝土	抹光的水泥砂浆面	0.012 0~0.013 0
	金属模板浇筑,平整顺直,表面光滑	0.012 0~0.014 0
	刨光木模板浇筑,表面一般	0.015 0
	表面粗糙,缝口不齐	0.017 0
	修整及养护较差	0.018 0
	预制板砌筑	0.016 0~0.018 0
	预制渠槽	0.012 0~0.016 0
	平整的喷浆面	0.015 0~0.016 0
	不平整的喷浆面	0.017 0~0.018 0
	波状断面的喷浆面	0.018 0~0.025 0
沥青混凝土	机械现场浇筑,表面光滑	0.012 0~0.014 0
	机械现场浇筑,表面粗糙	0.015 0~0.017 0
	预制板砌筑	0.016 0~0.018 0

（2）砂砾石保护层膜料防渗渠道的糙率可按式（5-1）计算确定：

$$n = 0.28d_{50}^{0.166\,7} \tag{5-1}$$

式中　n——砂砾石保护层的糙率；

d_{50}——通过砂砾石重50%的筛孔直径,mm。

（3）渠道护面采用几种不同材料的综合糙率,当最大糙率与最小糙率的比值小于1.5时,可按湿周加权平均计算。

（4）有条件者,宜用类似条件下的实测值予以核定。

（三）允许不冲流速

防渗渠道的允许不冲流速可按表5-8选定。

表 5-8　防渗渠道的允许不冲流速

防渗结构类别	防渗材料名称与施工情况	允许不冲流速/(m/s)
土料	轻壤土	0.60~0.80
	中壤土	0.65~0.85
	重壤土	0.70~1.00
	黏土、黏砂、混合土	0.75~0.95
	灰土、三合土、四合土	<1.00
土保护层膜料	沙壤土、轻壤土	<0.45
	中壤土	<0.60
	重壤土	<0.65
	黏土	<0.70
	砂砾料	<0.90

续表 5-8

防渗结构类别	防渗材料名称与施工情况	允许不冲流速/(m/s)
水泥土	现场浇筑施工	<2.50
	预制铺砌施工	<2.00
沥青混凝土	现场浇筑施工	<3.00
	预制铺砌施工	<2.00
砌石	浆砌料石	4.00~6.00
	浆砌块石	3.00~5.00
	浆砌卵石	3.00~5.00
	干砌卵石挂淤	2.50~4.00
	浆砌石板	<2.50
混凝土	现场浇筑施工	3.00~5.00
	预制铺砌施工	<2.50

注：表中土料防渗及土保护层膜料防渗的允许不冲流速为水力半径 $R=1$ m 时的情况。当 $R\neq1$ m 时，表中的数值应乘以 R^α。对于砂砾石、卵石、疏松的沙壤土和黏土，$\alpha=1/3\sim1/4$；对于中等密实的沙壤土、壤土和黏土，$\alpha=1/4\sim1/5$。

（四）伸缩缝、砌筑缝

（1）刚性材料渠道防渗结构应设置伸缩缝。伸缩缝的间距应依据渠基情况、防渗材料和施工方式按表 5-9 选用；刚性材料防渗伸缩缝形式见图 5-2；伸缩缝的宽度应根据缝的间距、气温变幅、填料性能和施工要求等因素确定，一般采用 2~3 cm。伸缩缝宜采用黏结力强、变形性能大、耐老化、在当地最高气温下不流淌及最低气温下仍具柔性的弹塑性止水材料，如用焦油塑料胶泥填筑，或缝下部填焦油塑料胶泥、上部用沥青砂浆封盖，还可用制品型焦油塑料胶泥填筑。有特殊要求的伸缩缝宜采用高分子止水带或止水管等。

表 5-9　防渗渠道的伸缩缝间距

防渗结构	防渗材料和施工方式	纵缝间距/m	横缝间距/m
土料	灰土,现场填筑	4~5	3~5
	三合土或四合土,现场填筑	6~8	4~6
水泥土	塑性水泥土,现场填筑	3~4	2~4
	干硬性水泥土,现场填筑	3~5	3~5
砌石	浆砌石	只设置沉降缝	
沥青混凝土	沥青混凝土,现场浇筑	6~8	4~6
混凝土	钢筋混凝土,现场浇筑	4~8	4~8
	混凝土,现场浇筑	3~5	3~5
	混凝土,预制铺砌	4~8	6~8

注：1. 膜料防渗不同材料保护层的伸缩缝间距同本表；

　　2. 当渠道为软基或地基承载力明显变化时,浆砌石防渗结构宜设置沉降缝。

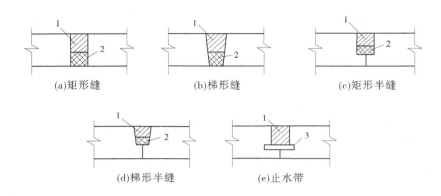

1—封盖材料;2—弹塑性胶泥;3—止水带。

图 5-2　刚性材料防渗伸缩缝形式

（2）水泥土、混凝土预制板（槽）和浆砌石,应用水泥砂浆或水泥混合砂浆砌筑,水泥砂浆勾缝。混凝土 U 形槽也可用高分子止水管及其专用胶安砌,不需勾缝。浆砌石还可用细粒混凝土砌筑。砌筑砂浆和勾缝砂浆的强度等级可按表 5-10 选定;细粒混凝土强度等级不低于 C15,最大粒径不大于 10 mm,沥青混凝土预制板宜采用沥青砂浆或沥青玛琋脂砌筑。砌筑缝宜采用梯形或矩形缝,缝宽 1.5~2.5 cm。

表 5-10　砂浆的强度等级　　　　　单位:MPa

防渗结构	砌筑砂浆		勾缝砂浆	
	温和地区	严寒和寒冷地区	温和地区	严寒和寒冷地区
水泥土预制板	5.0		7.5~10.0	
混凝土预制板	7.5~10.0	10.0~20.0	10.0~15.0	15.0~20.0
料石	7.5~10.0	10.0~15.0	10.0~15.0	15.0~20.0
块石	5.0~7.5	7.5~10.0	7.5~10.0	10.0~15.0
卵石	5.0~7.5	7.5~10.0	7.5~10.0	10.0~15.0
石板	7.5~10.0	10.0~15.0	10.0~15.0	15.0~20.0

（3）防渗渠道在边坡防渗结构顶部应设置水平封顶板,其宽度为 15~30 cm。当防渗结构下有砂砾石置换层时,封顶板宽度应大于防渗结构与置换层的水平向厚度 10 cm。当防渗结构高度小于渠深时,应将封顶板嵌入渠堤。

（五）堤顶宽度

防渗渠道的堤顶宽度可按表 5-11 选用,渠堤兼做公路时,应按道路要求确定。对于 U 形和矩形渠道,公路边缘宜距渠口边缘 0.5~1.0 m,堤顶应做成向外倾斜 1/100~1/50 的斜坡。

表 5-11　防渗渠道的堤顶宽度

渠道设计流量/（m³/s）	<2	2~5	5~20	>20
堤顶宽度/m	0.5~1.0	1.0~2.0	2.0~2.5	2.5~4.0

四、断面尺寸水力计算

(一) 防渗渠道断面尺寸

防渗渠道断面尺寸应按式（5-2）进行计算，断面尺寸确定后应校核其平均流速，满足不冲不淤要求，即

$$Q = \omega \frac{1}{n} R^{2/3} i^{1/2} \tag{5-2}$$

式中　Q——渠道设计流量，m³/s；

　　　ω——过水断面面积，m²；

　　　n——渠道糙率；

　　　R——渠道水力半径，m；

　　　i——渠道比降。

(二) 梯形防渗渠道断面

梯形防渗渠道水力最佳断面及实用经济断面的水力计算，按相关规定的方法进行。

(三) 弧形底梯形防渗渠道断面

弧形底梯形防渗渠道断面见图 5-3，其断面尺寸的计算应按下列方法进行：

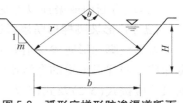

图 5-3　弧形底梯形防渗渠道断面

（1）断面尺寸的各项主要指标按式（5-3）~式（5-6）进行计算。

$$\omega = \left(\frac{\theta}{2} + 2m - 2\sqrt{1+m^2}\right) K_r^2 H^2 + 2\left(\sqrt{1+m^2} - m\right) K_r H^2 + mH^2 \tag{5-3}$$

$$\chi = 2\left(\frac{\theta}{2} + m - \sqrt{1+m^2}\right) K_r H + 2H\sqrt{1+m^2} \tag{5-4}$$

$$K_r = \frac{r}{H} \tag{5-5}$$

$$b = \frac{2r}{\sqrt{1+m^2}} \tag{5-6}$$

$$m = \cot\frac{\theta}{2}$$

式中　χ——湿周，m；

　　　θ——渠底圆弧的圆心角，rad；

　　　H——断面水深，m；

K_r——半径与水深的比值;

r——渠底圆弧半径,m;

b——弧形底的弦长,m;

m——渠道上部直线段的边坡系数。

(2)水力最佳断面和实用经济断面的计算见其他
参考书。

(四)U 形防渗渠道断面

U 形防渗渠道断面见图 5-4,其断面尺寸的水力计
算应按式(5-2)~式(5-6)进行。K_r 的取值如下:

(1)渠顶以上挖深不超过 1.5 m,边坡系数 $m \leqslant$
0.3,渠线经过耕地时,K_r 值可按表 5-12 选用。

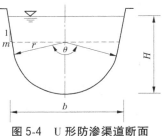

图 5-4　U 形防渗渠道断面

表 5-12　U 形渠道的 K_r 值

m	0	0.1	0.2	0.3	0.4
$\theta/(°)$	180	168.6	157.4	146.6	136.4
K_r	0.65~0.72	0.62~0.68	0.56~0.63	0.49~0.56	0.39~0.47

注:挖深大、土质好、土地价值高时取小值。

(2)填方断面或渠顶以上挖深很小(接近 0)、土质差时,K_r 取 0.8~1.0。

(五)弧形坡脚梯形防渗渠道断面

弧形坡脚梯形防渗渠道断面见图 5-5,其断面的
宽深比参照梯形渠道的宽深比经过比较后确定。断
面尺寸应按式(5-2)及式(5-7)~式(5-10)进行水力
计算。

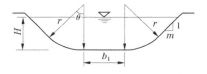

图 5-5　弧形坡脚梯形防渗渠道断面

$$\omega = (\theta + 2m - 2\sqrt{1+m^2})K_r^2 H^2 + 2(\sqrt{1+m^2} - m)K_r H^2 + b_1 H \tag{5-7}$$

$$\chi = 2(\theta + m - \sqrt{1+m^2})K_r H + 2H\sqrt{1+m^2} + b_1 \tag{5-8}$$

$$K_r = \frac{r}{H} \tag{5-9}$$

$$B = 2m(H - r) + 2r\sqrt{1+m^2} + b_1 \tag{5-10}$$

$$m = \cot\theta$$

式中　θ——弧形坡脚的圆心角,rad;

b_1——渠底水平段宽,m;

B——水面宽,m;

其他符号意义同前。

(六)其他防渗渠道断面

暗渠防渗断面中的箱形(见图 5-6)、城门洞形(见图 5-7)、正反拱形(见图 5-8),其宽
深比应按施工要求通过经济比较选定,宜用窄深式。水面以上的净空高度 e_0,城门洞形及

正反拱形可采用 $e_0 \geqslant \dfrac{1}{4}H_g$（$H_g$ 为暗渠断面总高度），箱形可采用 $e_0 \geqslant \dfrac{1}{6}H_g$。断面尺寸应通过水力计算确定。

（1）城门洞形断面按式（5-2）及式（5-11）~式（5-14）进行计算：

$$\omega = H_1 b_2 + \frac{1}{2}\left[r_2^2 (\pi - \theta_2) + BH_2 \right] \tag{5-11}$$

$$\chi = b_2 + 2H_1 + (\pi r_2 - r_2 \theta_2) \tag{5-12}$$

$$B = 2\sqrt{r_2^2 - H_2^2} \tag{5-13}$$

$$\theta_2 = 2\arctan\frac{\sqrt{r_2^2 - H_2^2}}{H_2} \tag{5-14}$$

式中　H_1——暗渠直墙段高，m；

H_2——顶部圆弧段水深，m；

b_2——暗渠宽，m；

B——水面宽，m；

r_2——顶部圆弧半径，m；

θ_2——水面宽圆弧圆心角，rad；

其他符号意义同前。

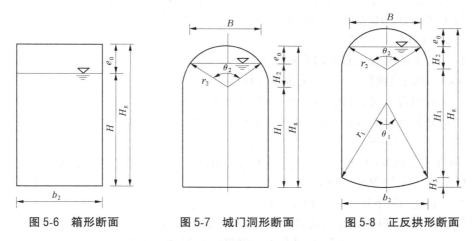

图 5-6　箱形断面　　　　图 5-7　城门洞形断面　　　　图 5-8　正反拱形断面

（2）正反拱形断面应按式（5-2）及式（5-15）~式（5-18）进行计算。

$$\omega = b_2 H_1 + \frac{1}{2}\left[r_1^2 \theta_1 - b_2(r_1 - H_3) + r_2^2(\pi - \theta_2) + BH_2 \right] \tag{5-15}$$

$$\chi = 2H_1 + r_1 \theta_1 + r_2(\pi - \theta_2) \tag{5-16}$$

$$\theta_2 = 2\arctan\left(\frac{\sqrt{r_2^2 - H_2^2}}{H_2} \right) \tag{5-17}$$

$$B = 2\sqrt{r_2^2 - H_2^2} \tag{5-18}$$

式中　H_3——底部圆弧矢高，m；

e_0——水面以上的净空高度, m;

θ_1——底部圆弧圆心角, rad;

r_1——底部圆弧半径, m;

其他符号意义同前。

五、防渗结构设计

(一) 土料防渗

1. 黏性土的选用和混合土料配合比的确定

黏性土的选用和黏砂混合土、灰土、三合土、四合土等混合土料的配合比, 应按下列步骤和要求确定:

(1) 通过试验确定黏性土、不同配合比混合土料的夯实最大干容重和最优含水率。

(2) 按不同黏性土和不同配合比混合土料的最优含水率、最大干容重制备试件, 进行强度和渗透试验。根据最大强度、最小渗透系数选用黏性土和确定混合土料的最优配合比。

(3) 黏性土和黏砂混合土进行泡水试验。若试验发现试体崩解或呈浑浊液, 改换黏性土或调整黏砂混合土的配合比。

2. 无条件试验时混合土配合比的确定

无条件进行试验时, 混合土的配合比按以下要求确定:

(1) 灰土的配合比应根据石灰的质量、土的性质和工程要求选定, 可采用石灰与土之比为 1:(3~9)。使用时, 石灰用量还应根据石灰储放期的长短适量增减, 其变动范围宜控制在±10%以内。

(2) 三合土的配合比宜采用石灰与土砂总重之比为 1:(4~9)。其中, 土重宜为砂总重的 30%~60%; 高液限黏质土, 土重不宜超过土砂总重的 50%。

(3) 采用四合土时, 可在三合土配合比的基础上加入 25%~35%的卵石或碎石。

(4) 黏砂混合土中, 高液限黏质土与砂石总重之比宜为 1:1。

3. 最优含水率的确定

无条件进行试验时, 灰土、三合土等土料的最优含水率按以下要求选定:

(1) 灰土可采用 20%~30%。

(2) 三合土、四合土可采用 15%~20%。

(3) 黏性土、黏砂混合土宜控制在塑限±4%范围内, 并可参见表 5-13 选用。

表 5-13　黏性土、黏砂混合土的最优含水率

土质	低液限黏质土	中液限黏质土	高液限黏质土	黄土
最优含水率(%)	12~15	15~25	23~28	15~19

注: 土质轻的宜选用小值, 土质重的宜选用大值。

4. 土料防渗结构的厚度

土料防渗结构的厚度应根据防渗要求通过试验确定。中型、小型渠道可参照表 5-14 选用。

表5-14　土料防渗结构的厚度　　　　　　　　　　　单位:cm

土料种类	渠底	渠坡	侧墙
高液限黏质土	20~40	20~40	—
中液限黏质土	30~40	30~60	—
灰土	10~20	10~20	—
三合土	10~20	10~20	20~30
四合土	15~20	15~25	20~40

(二)水泥土防渗

1. 水泥土配合比

水泥土配合比应通过试验确定,并符合下列要求:

(1)气候温和地区水泥土的抗冻等级不宜低于 F50;抗压强度允许最小值应满足表 5-15 的要求;干容重允许最小值应满足表 5-16 的要求;水泥用量宜为 8%~12%。

表5-15　水泥土抗压强度允许最小值

水泥土种类	渠道运行条件	28 d 抗压强度/MPa
干硬性水泥土	常年输水	2.5
	季节性输水	4.5
塑性水泥土	常年输水	2.0
	季节性输水	3.5

表5-16　水泥土干容重允许最小值　　　　　　　　单位:g/cm³

水泥土种类	含砾土	砂土	壤土	风化页岩渣
干硬性水泥土	1.9	1.8	1.7	1.8
塑性水泥土	1.7	1.5	1.4	1.5

(2)水泥土的渗透系数应不大于 1×10^{-6} cm/s。

2. 水泥土含水率的确定

水泥土的含水率应按下列方法确定:

(1)干硬性水泥土用击实法或强度试验法确定。当土料为细料土时,水泥土的含水率宜为 12%~16%。

(2)塑性水泥土按施工要求经过试验确定。当土料为微含细粒土砂和页岩风化料时,水泥土的含水率宜为 20%~30%;当土料为细料土时,水泥土的含水率宜为 25%~35%。

3. 水泥土防渗结构厚度的确定

水泥土防渗结构的厚度宜采用 8~10 cm;小型渠道应不小于 5 cm。水泥土预制板的尺寸,应根据制板机、压实功能、运输条件和渠道断面尺寸等因素确定,每块预制板的质量不宜超过 50 kg。

另外,对于耐久性要求高的明渠水泥土防渗结构,宜用塑性水泥土铺筑,表面用水泥砂浆、混凝土预制板、石板等材料作为保护层。水泥土 28 d 的抗压强度应不低于 1.5 MPa。

(三) 砌石防渗

1. 砌石防渗结构设计

砌石防渗结构设计应符合下列规定:

(1)浆砌料石、浆砌块石挡土墙式防渗结构的厚度,根据使用要求确定。护面式防渗结构的厚度,浆砌料石宜采用 15~25 cm;浆砌块石宜采用 20~30 cm;浆砌石板的厚度宜不小于 3 cm(寒冷地区浆砌石板厚度不小于 4 cm)。

(2)浆砌卵石、干砌卵石挂淤护面式防渗结构的厚度,根据使用要求和当地料源情况确定,可采用 15~30 cm。

2. 防渗措施

为防止渠基淘刷,提高防渗效果,宜采用下列措施:

(1)干砌卵石挂淤渠道,在砌体下面设置砂砾石垫层,或铺设复合土工膜料层。

(2)浆砌石板防渗层下,铺设厚度为 2~3 cm 的砂料,或低强度等级水泥砂浆做垫层。

(3)对防渗要求高的大、中型渠道,在砌石层下加铺黏土、三合土、塑性水泥土或塑膜层。

另外,护面式浆砌石防渗结构可不设伸缩缝;软基上挡土墙式浆砌石防渗结构宜设沉陷缝,缝距可采用 10~15 m。砌石防渗层与建筑物连接处应按伸缩缝结构要求处理。

(四) 混凝土防渗

1. 混凝土性能及配合比设计

混凝土性能及配合比设计,应符合下列规定:

(1)大、中型渠道防渗工程混凝土的配合比,按相关要求进行试验确定,其选用配合比满足强度、抗渗、抗冻与和易性的设计要求。小型渠道混凝土的配合比可参照当地类似工程的经验采用。

(2)混凝土的性能指标不低于表 5-17 中的数值。严寒和寒冷地区的冬季过水渠道,抗冻等级比表 5-17 内数值提高一级。

(3)渠道流速大于 3 m/s,或水流中挟带推移质泥沙时,混凝土的抗压强度不低于 15 MPa。

(4)混凝土的水灰比为砂石料在饱和面干状态下的单位用水量与胶凝材料的比值,其允许最大值可参照表 5-18 选用。

表 5-17　混凝土性能的允许最小值

工程规模	混凝土性能	严寒地区	寒冷地区	温和地区
小型	强度(C)	10	10	10
	抗冻(F)	50	50	—
	抗渗(W)	4	4	4
中型	强度(C)	15	15	10
	抗冻(F)	100	50	50
	抗渗(W)	6	6	6
大型	强度(C)	20	15	10
	抗冻(F)	200	150	50
	抗渗(W)	6	6	6

注:1. 强度等级的单位为 MPa。

2. 抗冻等级的单位为冻融循环次数。

3. 抗渗等级的单位为 0.1 MPa。

4. 严寒地区为最冷月平均气温低于-10 ℃;寒冷地区为最冷月平均气温不低于-10 ℃但不高于-3 ℃;温和地区为最冷月平均气温高于-3 ℃。

表 5-18　混凝土水灰比的允许最大值

运用情况	严寒地区	寒冷地区	温和地区
一般情况	0.50	0.55	0.60
受水流冲刷部位	0.45	0.50	0.50

(5)混凝土的坍落度可参照表 5-19 选定。

表 5-19　不同浇筑部位混凝土的坍落度　　　　单位:cm

混凝土类别	部位		机械捣固	人工捣固
混凝土	渠底		1~3	3~5
	渠坡	有外模板	1~3	3~5
		无外模板	1~2	—
钢筋混凝土	渠底		2~4	3~5
	渠坡	有外模板	2~4	5~7
		无外模板	1~3	—

注:1. 低温季节施工时,坍落度宜适当减小;高温季节施工时,坍落度宜适当增大。

2. 采用衬砌机械施工时,坍落度不大于 2 cm。

(6)大、中型渠道所用的混凝土,其水泥的最小用量宜不小于 225 kg/m³;严寒地区宜不小于 275 kg/m³。用人工捣固时,增加 25 kg/m³;当掺用外加剂时,可减少 25 kg/m³。

（7）混凝土的用水量及砂率可分别按表 5-20 及表 5-21 选用。

表 5-20　混凝土的用水量

坍落度/cm	不同石料最大粒径的混凝土用水量/（kg/m³）		
	20 mm	40 mm	80 mm
1~3	155~165	135~145	110~120
3~5	160~170	140~150	115~125
5~7	165~175	145~155	120~130

注:1. 表中值适用于卵石、中砂和普通硅酸盐水泥拌制的混凝土;

2. 用火山灰水泥时,用水量宜增加 15~20 kg/m³;

3. 用细砂时,用水量宜增加 5~10 kg/m³;

4. 用碎石时,用水量宜增加 10~20 kg/m³;

5. 用减水剂时,用水量宜减少 10~20 kg/m³。

表 5-21　混凝土的砂率

石料最大粒径/mm	水灰比	砂率（%）	
		碎石	卵石
40	0.4	26~32	24~30
	0.5	30~35	28~33
	0.6	33~38	31~36

注:石料常用两级配,即粒径 5~20 mm 的占 40%~45%,粒径 20~40 mm 的占 55%~60%。

（8）渠道防渗工程所用水泥品种以 1~2 种为宜,并固定厂家。当混凝土有抗冻要求时,优先选择普通硅酸盐水泥;当灌溉水对混凝土有硫酸盐侵蚀时,优先选择抗硫酸盐水泥。

（9）粉煤灰等掺和料的掺量,大、中型渠道按相关要求通过试验确定;小型渠道混凝土的粉煤灰掺量可按表 5-22 选定。

表 5-22　粉煤灰掺量

水泥等级	混凝土性能指标		粉煤灰掺量（%）
	强度	抗冻	
32.5	C10	F50	20~40
	C15	F50	30
	C20	F50	25

（10）混凝土根据需要掺入适量外加剂,其掺量可通过试验确定。

（11）设计细砂、特细砂混凝土配合比时,应符合下列要求:

①水泥用量较中砂、粗砂混凝土宜增加 20~30 kg/m³,并宜掺加塑化剂,严格控制水

胶比；

②砂率较中砂混凝土减少 15%~30%；

③砂、石的允许含泥量，应符合相关规定要求；

④采用低流态混凝土或半干硬性混凝土时，坍落度不大于 3 cm，工作度不大于 30 s。

(12)喷射混凝土的配合比可参照下列要求并通过试验确定：

①水泥、砂和石料的质量比，宜为水泥：砂：石子 = 1:(2~2.5):(2~2.5)；

②宜采用中砂、粗砂，砂率宜为 45%~55%，砂的含水率宜为 5%~7%；

③石料最大粒径不宜大于 15 mm；

④水灰比宜为 0.4~0.5；

⑤宜选用普通硅酸盐水泥，其用量为 375~400 kg/m³；

⑥速凝剂的掺量宜为水泥用量的 2%~4%。

2. 防渗结构设计

防渗结构设计应符合下列规定：

(1)混凝土防渗结构形式见图 5-9，按下列要求选定：

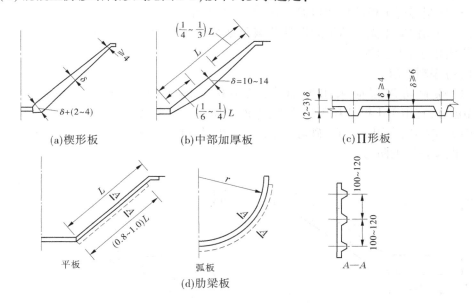

(a)楔形板　　(b)中部加厚板　　(c)Ⅱ形板

平板　　弧板　　A—A

(d)肋梁板

图 5-9　混凝土防渗结构形式　（单位:cm）

①宜采用等厚板；

②当渠基有较大膨胀、沉陷等变形时，除采取必要的地基处理措施外，对大型渠道宜采用楔形板、肋梁板、中部加厚板或Ⅱ形板；

③小型渠道采用整体式 U 形或矩形渠槽，槽长宜不小于 1.0 m；

④特种土基宜采用板膜复合式结构。

(2)当渠道流速小于 3 m/s 时，梯形渠道混凝土等厚板的最小厚度应符合表 5-23 的规定；当流速为 3~4 m/s 时，最小厚度宜为 10 cm；当流速为 4~5 m/s 时，最小厚度宜为 12 cm。渠道超高部分的厚度可适当减小，但不应小于 4 cm。

表 5-23　混凝土防渗层的最小厚度　　　　　　　单位:cm

工程规模	温和地区			寒冷地区		
	钢筋混凝土	混凝土	喷射混凝土	钢筋混凝土	混凝土	喷射混凝土
小型		4	4		6	5
中型	7	6	5	8	8	7
大型	7	8	7	9	10	8

(3)肋梁板和 Ⅱ 形板的厚度比等厚板可适当减小,但不应小于 4 cm。肋高宜为板厚的 2~3 倍。楔形板在坡脚处的厚度比中部宜增加 2~4 cm。中部加厚板部位的厚度宜为 10~14 cm。板膜复合式结构的混凝土板厚度可适当减小,但不应小于 4 cm。

(4)渠基土稳定且无外压力时,U 形渠和矩形渠防渗层的最小厚度可按表 5-23 选用;渠基土不稳定或存在较大外压力时,U 形渠和矩形渠宜采用钢筋混凝土结构,并根据外荷载进行结构强度、稳定性及裂缝宽度验算。

(5)预制混凝土板的尺寸根据安装、搬运条件确定。

(6)钢筋混凝土无压暗渠的设计荷载包括自重、内外水压力、垂直和水平土压力、地面活荷载和地基反力等。

(五)膜料防渗

(1)膜料防渗层应采用埋铺式,其结构见图 5-10。无过渡层的防渗结构见图 5-10(a),宜用于土渠基和用黏性土、水泥土做保护层的防渗工程;有过渡层的防渗结构见图 5-10(b),宜用于岩石、砂砾石、土渠基和用石料、砂砾石、现浇碎石混凝土或预制混凝土做保护层的防渗工程。

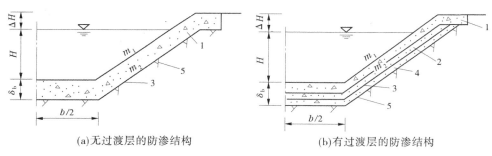

(a)无过渡层的防渗结构　　　　　　(b)有过渡层的防渗结构

1—黏性土、水泥土灰土或混凝土、石料、砂砾石保护层;2—膜上过渡层;
3—膜料防渗层;4—膜下过渡层;5—上渠基或岩石。

图 5-10　埋铺式膜料防渗结构

(2)膜料防渗层的铺设范围有全铺式、半铺式和底铺式 3 种。半铺式和底铺式可用于宽浅渠道,或渠坡有树木的改建渠道。

(3)土渠基膜料防渗层铺膜基槽断面形式应根据土基稳定性、防渗、防冻要求与施工条件合理选定,可采用梯形、弧底梯形、弧形坡脚梯形等断面形式。

(4)膜层顶部宜按图 5-11 铺设。

（5）膜料包括土工膜、复合土工膜等，按下列原则选用：

①在寒冷地区和严寒地区，可优先采用聚乙烯膜；在芦苇等穿透性植物丛生地区，可优先采用聚氯乙烯膜。

②中、小型渠道宜用厚度为 0.18～0.22 mm 的深色塑膜，或厚度为 0.60～0.65 mm 的无碱或中碱玻璃纤维布机制的油毡；大型渠道宜用厚度为 0.3～0.6 mm 的深色塑膜。

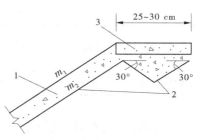

1—保护层；2—膜料；3—混凝土盖板。

图 5-11　膜层顶部铺设形式

③特种土基，应结合基土处理情况采用厚度 0.2～0.6 mm 的深色塑膜。

④有特殊要求的渠基宜采用复合土工膜。

（6）过渡层按下列要求确定：

①过渡层材料，在温和地区可采用灰土或水泥土；在严寒地区和寒冷地区宜采用水泥砂浆，采用土及砂料做过渡层时，应采取防止淘刷的措施。

②过渡层的厚度宜按表 5-24 选用。

表 5-24　过渡层的厚度

过渡层材料	厚度/cm
灰土、塑性水泥土、砂浆	2～3
土、砂	3～5

（7）土保护层的厚度，根据渠道流量大小和保护层土质情况，可按表 5-25 采用。

表 5-25　土保护层的厚度　　　　　　　　　　　　单位：cm

保护层土质	渠道设计流量/（m³/s）			
	<2	2～5	5～20	>20
沙壤土、轻壤土	45～50	50～60	60～70	70～75
中壤土	40～45	45～55	55～60	60～65
重壤土、黏土	35～40	40～50	50～55	55～60

（8）土保护层的设计干密度应经过试验确定。无试验条件时，采用压实法施工，沙壤土和壤土的干密度不小于 1.50 g/cm³；沙壤土、轻壤土、中壤土采用浸水泡实法施工时，其干密度宜为 1.40～1.45 g/cm³。

（9）水泥土、石料、砂砾料和混凝土保护层的厚度，可按表 5-26 选用。在渠底、渠坡或不同渠段，可采用具有不同抗冲能力、不同材料的组合式保护层。

表 5-26　不同材料保护层的厚度　　　　　　　　　　　单位:cm

保护层材料	水泥土	块石、卵石	砂砾石	石板	混凝土	
					现浇	预制
保护层厚度	4~6	20~30	25~40	≥3	4~10	4~8

（10）水泥土、石料、混凝土等刚性材料保护层,应分别符合相关要求。

（11）防渗结构与建筑物的连接应符合下列要求:

①膜料防渗层按图 5-12 用黏结剂与建筑物黏结牢固;

②土保护层与跌水、闸、桥连接时,在建筑物上、下游改用石料、水泥土、混凝土保护层;

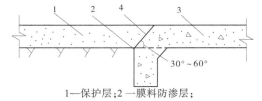

1—保护层;2—膜料防渗层;
3—建筑物;4—膜料与建筑物黏结面。

图 5-12　膜料防渗层与建筑物的连接

③水泥土、石料和混凝土保护层与建筑物连接,按要求设置伸缩缝。

（六）沥青混凝土防渗

1. 技术要求

沥青混凝土应满足下列技术要求。

1）防渗层沥青混凝土

（1）孔隙率不大于 4%。

（2）渗透系数不大于 1×10^{-7} cm/s。

（3）斜坡流淌值小于 0.80 cm。

（4）水稳定系数大于 0.90。

（5）低温下不得开裂。

2）整平胶结层沥青混凝土

（1）渗透系数不大于 1×10^{-3} cm/s。

（2）热稳定系数小于 4.5。

2. 配合比

沥青混凝土配合比应根据技术要求,经过室内试验和现场试铺筑确定,也可参照相关要求选用。防渗层沥青含量应为 6%~9%;整平胶结层沥青含量应为 4%~6%。石料最大粒径,防渗层不得超过一次压实厚度的 1/3~1/2,整平胶结层不得超过一次压实厚度的 1/2。

3. 防渗结构设计

防渗结构设计应符合下列规定:

（1）沥青混凝土渠道防渗结构形式见图 5-13。无整平胶结层断面宜用于土质地基,有整平胶结层断面宜用于岩石地基。

（2）封闭层用沥青玛琋脂涂刷,厚度为 2~3 mm。沥青玛琋脂配合比满足高温下不流淌、低温下不脆裂的要求。

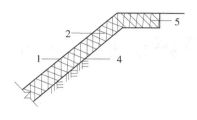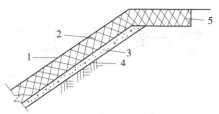

(a)无整平胶结层的防渗结构　　　　　　(b)有整平胶结层的防渗结构

1—封闭层；2—防渗层；3—整平胶结层；4—土(石)渠基；5—封顶板。

图 5-13　沥青混凝土渠道防渗结构形式

（3）沥青混凝土防渗层宜为等厚断面，其厚度宜采用 5~10 cm。有抗冻要求的地区，渠坡防渗层可采用上薄下厚的断面，坡顶厚度可采用 5~6 cm，坡底厚度可采用 8~10 cm。

（4）整平胶结层采用等厚断面，其厚度按能填平岩石基面为原则确定。

（5）寒冷地区沥青混凝土防渗层的低温抗裂性能，可按式（5-19）及式（5-20）进行验算：

$$F > \sigma_t \tag{5-19}$$

$$\sigma_t = \frac{E_t}{1-\mu} \Delta T R' \alpha_t \tag{5-20}$$

式中　F——沥青混凝土的极限抗拉强度，MPa；

　　　σ_t——温度应力，MPa；

　　　E_t——沥青混凝土平均变形模量，MPa；

　　　μ——轴向拉伸泊松比；

　　　ΔT——沥青混凝土板面任意点的温差，℃；

　　　R'——层间约束系数，宜为 0.8；

　　　α_t——温度收缩系数。

（6）当防渗层沥青混凝土不能满足低温抗裂性能的要求时，可掺用高分子聚合物材料进行改性，其掺量经过试验确定。如改性沥青混凝土仍不能满足抗裂要求，可按规定设置伸缩缝。

（7）沥青混凝土预制板的边长不宜大于 1 m，厚度宜采用 5~8 cm，密度大于 2.30 g/cm³。预制板宜用沥青砂浆或沥青玛琋脂砌筑；当地基有较大变形时，也可采用焦油塑料胶泥填筑。

第六章　农业灌溉渠道系统研究

第一节　农业灌溉渠系规划研究

灌溉渠道系统是指从水源取水,通过渠道及其附属建筑物向农田供水,经由田间工程进行农田灌水的工程系统,包括渠道工程,输、配水工程,田间工程。

一、灌溉渠系概述

(一)灌溉渠系的组成

灌溉渠系由灌溉渠道与泄水、退水渠道组成。

(1)灌溉渠道包括以下三个方面:

①输水渠道:干渠(固定)。

②配水渠道:支、斗、农渠(固定)。

③田间渠道:毛渠、输水沟、灌水沟、畦、格田田埂(临时)。

(2)泄水、退水渠道包括以下三个方面:

①渠首排沙渠。

②中途泄水渠。

③渠尾退水渠。

通常情况下,大型灌区(30万亩以上)一般多于四级,可能有分干、分支、分斗等。小型灌区有可能少于四级,只设置干、斗、农渠。

中途泄水渠一般布置在重要建筑物、险工渠段上游,保证渠道、建筑物安全运行。干、支渠末端设置退水渠。

(二)灌溉渠道的规划原则

(1)各级渠道应选择在各自控制范围内地势较高的地带。干渠、支渠宜沿等高线或分水岭布置,斗渠宜与等高线交叉布置。

(2)渠线应避免通过风化破碎的岩层、可能产生滑坡及其他地质条件不良的地段。

(3)渠线宜短而直,并有利于机耕,避免深挖、高填和穿越村庄。

(4)土渠弯道半径应大于水面宽的5倍,其他应大于水面宽的2.5倍。

(5)渠系布置应兼顾行政区划,每个乡、村应有独立的配水口。

(6)自流灌区内的局部高地,经论证可实行提水灌溉。

(7)不宜在同一块地布置自流和提水两套系统。

(8)干渠上的主要建筑物和重要渠段的上游,应设置泄水渠、闸,干渠、支渠和重要的斗渠末端应有退水设施。

(9)对渠道沿线的山洪应予以截导,防止进入灌溉渠道,必须引洪入渠时,应校核渠道的泄洪能力。

（10）干、支渠布置应遵循下列原则和基本要求：

①应通过方案比较，确定渠道工程量和交叉建筑物工程量。

②布置在较高地带，沿等高线或分水岭布置大型渠道，最好不通过库、塘。

③干渠输水段考虑行水安全，一般布置成挖方，并尽量避免深挖、填、地质条件差，有隐患和穿越村庄的地段。

④支渠以方便配水为主，一般半挖半填，以节省土方。

⑤平原区支渠长度最好不超过 15 km，支渠间距视斗渠长度而定，一般一侧控制时 3~5 km，两侧控制时可增大 1 倍。

⑥土质干、支渠弯道半径大于水面宽的 5 倍，当小于水面宽的 5 倍时，考虑防护措施，衬砌渠道大于水面宽的 2.5 倍。

二、干、支渠的规划布置形式

按地区条件，灌区可分为三大类：山区、丘陵区灌区；平原区灌区；圩垸区（滩地）灌区。

（一）山区、丘陵区灌区的干、支渠布置

（1）地形特点：地形复杂，岗冲交错，起伏剧烈，坡度较陡，耕地分散。

（2）渠道特征：

①干渠沿等高线布置，一般使用于狭长形等高线平行河流的灌区；

②干渠沿岗脊线布置，一般适于浅丘岗地（水库下游）；

③高填高挖方渠道多；

④长藤结瓜式的水利系统；

⑤没有盐渍化，但需防山水下池，需修截流沟。

（二）平原区灌区的干、支渠布置

（1）地形特点：无论是山前平原区灌区，还是冲积平原区灌区，大多位于河流中下游，地形平坦、宽阔，耕地集中连贯。

（2）渠系特征：干渠沿等高线布置，支渠垂直等高线。

（三）圩垸区（滩地）灌区的干、支渠布置

圩垸：由于外河水位高于农田，所以耕地四周均设堤防，内部区域叫作圩垸。

（1）地形特点：分布在沿江、沿湖滩地和三角洲地区，地形平坦低洼，多河湖港汊，水网密集，外洪内涝威胁，地下水位较高。

（2）渠系特点：干渠多沿圩堤布置，只有干、支渠两级。

三、斗、农渠的规划、布置形式

（一）斗、农渠布置要满足以下要求

（1）便于配水，提高灌溉效率。

（2）适应农业生产、耕作的要求。

（3）平整土地，修渠道、建筑物工程量最少。

（4）平原区斗渠控制面积 3 000~5 000 亩，长 3~5 km，间距 600~1 200 m。

（5）农渠长 0.5~1 km，宽 200~400 m，控制面积 200~600 亩。

（二）布置形式

斗渠、农渠结合斗沟、农沟布置，根据沟渠的相对位置和不同作用，主要有以下两种基本布置形式。

（1）灌排相邻布置。斗渠、农渠相邻平行布置，适用于地形坡向单一、灌排方向一致的地区。

（2）灌排相间布置。斗渠、农渠向两侧灌水，斗沟、农沟承接两侧的排水。适用于地形平坦，或起伏不大的地形，一般灌渠布置在高处，排水沟布置在低处。与灌排相邻布置相比，在保证田块一致的情况下，渠道、沟道长度减少，流量增加。由于田间斗沟、农沟渠断面大多为标准形式，所以减少近一半工程量。

四、渠线规划步骤

干、支渠道渠线规划大致可分为查勘—踏查、纸上定线和定线测量三个步骤。

（一）查勘—踏查

先在小比例地形图（1/50 000）上按照渠系布置原则，初步布置干渠、支渠位置，地形复杂可布置几条比较线路，然后进行实地踏查，调查渠道沿线地形、地质条件，估计建筑物类型、规模，对险工滩段初步勘察、复勘。经初步方案比较，估算工程量后，初步确定一个可行的渠线布置方案。该阶段一般在项目的可行性研究或规划阶段进行。

（二）纸上定线

在山丘区，地形复杂，对初步确定的渠线，测量带状地形图。比例尺为 1/1 000~1/5 000，等高线 0.5~1.0 m，宽 100~200 m，把查勘后的渠线落实到带状地形图的中心，比较分析后，重新在带状地形图上定出渠线位置，位置的确定要考虑水位要求、半填半挖断面、适宜比降等条件，渠线顺直。

（三）定线测量

把带状地形图上重新确定的渠道中心线放到地面上，沿线打木桩，间距为 100 m~200 m~500 m，该阶段一般在初步设计阶段进行。

注意：对于小型灌区、平原型灌区，一般经历下面几个阶段；渠线规划（1/10 000），实地调查、修改渠线，定线测量。

五、渠系建筑物的规划布置

渠系建筑物：各级渠道上的建筑物。按照其在渠道上的作用、位置和构造的不同，可分为以下几种类型。

（1）引水建筑物：无坝取水的渠首闸；有坝取水的进水闸、拦河坝、冲沙闸等引水枢纽（归为引水工程）；提水泵站；调节河道流量的水库、抽取地下水的水井等。

（2）配水建筑物：

①分水闸：上下级渠道分水的地方，该建筑物在支渠上叫分水闸，在斗、农渠上分别称为斗门和农门。

②节制闸:抬高上游渠道的水位或阻止渠水继续流向下游。一般横跨干、支渠,垂直渠道中心线布置。

(3)交叉建筑物。

①隧洞:渠岗相交,深挖方工程量过大,或1~3级渠道傍山岭(塬)布置长度超过直穿山岭(塬)5倍,且山岭(塬)地质条件好时,经技术经济比较可以选择隧洞。

②渡槽:渠沟、渠路相交,渠底高于最高洪水位、大于路面净空,可以架设渡槽,让渠道从河沟、道路上空的上方通过。

③倒虹吸:渠沟、渠路相交,但渠底低于路面、河沟水位,采用倒虹吸,使水流从河流或路的下面穿过。

(4)衔接建筑物:包括跌水、陡坡。当渠道沿程坡度变化较大,为保证较大落差下渠床不被冲坏,需要修建跌水、陡坡或多级跌水衔接建筑物,以消能和防冲。

(5)泄水建筑物:其作用就是退泄渠道的多余水量。为了保证渠道的安全运行,通常在重要建筑物和大填方渠段的上游以及山洪入渠处的下游修建。通常是在渠岸上修建溢流堰或泄水闸,干、支渠和重要斗渠末端设置退水闸和退水渠。

(6)量水建筑物:各渠道引水、分水、泄水、退水处均应设置量水设施,并与渠系建筑物结合布置。量水设施有量水堰,包括三角形量水堰、梯形量水堰、巴歇尔量水槽等。

第二节　农业灌溉中田间工程规划研究

田间工程指最末一级固定渠道(农渠)和固定沟道(农沟)之间条田范围内的临时渠道、排水小沟,田间道路、稻田的格田和田埂,旱地的灌水畦和灌水沟,小型建筑物以及平整土地等农田建设工程。

一、田间工程的规划要求和规划原则

(一)规划要求

(1)完善田间灌排系统,配置必要的建筑物。

(2)田面平整。

(3)田块适应农机需要,提高土地利用率。

(二)规划原则

(1)在农业发展规划和水利建设规划基础上进行。

(2)考虑当前需要和长远发展的要求,全面规划,分期实施。

(3)因地制宜,讲求实效。

(4)以治水改土为中心,实行水、田、村、路综合治理。创造良好的生态环境,农、林、牧、副、渔全面发展。

二、条田规划

农沟间距为100~200 m,排除地表明水的需要,当控制地下水位排渍时,视需要而定,一般为几十米。

农沟长度为 400~800 m,考虑机耕、灌水要求。农渠根据农沟的布置情况、地形情况、布置相邻、相间形式,从而确定条田规格。

综合起来,条田一般宽 100~200 m、长 400~800 m。

三、田间渠系布置

田间渠系包括毛渠,输水沟、灌水沟、畦,格田、田埂(水)等。

(一)纵向布置

毛渠布置与灌水沟、畦方向一致,使灌水方向与地面坡向一致,灌溉水田毛渠经输水沟到灌水沟(畦田),一般情况下,毛渠垂直等高线,当1%坡度时,可斜交。

适用:地形复杂、土地平整差、地形坡度>1/400 的地区。

(二)横向布置

毛渠布置与灌水沟、畦方向垂直,灌溉时,水从毛渠直接进入灌水沟(畦),省去了输水沟,从而减少了田间渠系的长度,节省了耕地占用量,减少了水量损失。

适用:地面坡向一致、坡度较小的条田,地形坡度<1/400 的地区。

四、稻田区的格田规划

特点:在条田内修田埂,将其分成许多格田,没有毛渠及输水沟、灌水沟等。田埂高 20~30 cm,埂顶宽 30~40 cm,长边沿等高线布置,长度为农渠、农沟距离,为 60~100 m。格田宽度 20~40 m。

据调查,格田有扩大的趋势,大的格田 10 亩左右,约 6 670 m²。

五、灌渠规划程序概要

(1)自然概况。根据灌渠所在地区及灌区的自然、社会经济状况,农业水利现状和发展规划,提出兴建灌溉工程的必要性。

(2)灌区水土资源平衡计算。初选灌区开发方式,确定灌区范围和灌水方法。

(3)调查全区的土地利用现状,进行灌区的土地利用规划,初定灌溉面积、农林牧业生产结构、作物组成、轮作制度、计划产量等。

(4)分析灌区可能产生涝碱的原因,结合灌区地形土壤、水文地质等条件,初拟灌区水利、土壤改良分区。论述排水工程的必要性和排水工程的初步规划,选定排水方式。

(5)拟订设计水平年,选定灌溉设计保证率。

(6)拟订灌溉制度,初选灌溉水利用系数,进行灌区供需水量平衡计算,拟订年用水量及年内分配。

(7)基本选定灌区工程总体布置方案、水源工程主要建筑物规模和主要参数,干、支渠交叉建筑物的位置,设计规模及灌区内部调蓄的主要参数。

(8)提出典型区田间灌排渠系布置规划。

第三节 农业灌溉渠道流量推算分析

一、灌溉渠道流量概述

在灌溉实践中,渠道的流量是在一定范围内变化的,设计渠道的纵横断面时,要考虑流量变化对渠道的影响,通常用以下三种特征流量覆盖流量变化范围,代表在不同运行条件下的工作流量。

(一)设计流量

在灌溉设计标准情况下,为满足灌溉用水要求,需要渠道输送的最大流量。

$$Q_{设} = Q_{净} A(续灌) \tag{6-1}$$
$$Q_{设} = Q_{净} + Q_{损} = Q_{毛} \tag{6-2}$$

考虑到输水损失的流量为毛流量。

(二)最小流量

在灌溉设计标准条件下,渠道在工作过程中输送的最小流量为 $Q_{净min} = q_{净min}A$、$q_{净min} \geqslant 40\% q_{净设}$,确定最小流量的目的是复核下一级渠道水位控制条件和确定修建节制闸的位置。一般在干渠上修建节制闸以壅高水位,满足支渠最小流量的要求。

(三)加大流量

考虑到在灌溉工程运行过程中可能出现一些难以准确估计的附加流量,把设计流量适当放大后所得到的安全流量,是渠道运行过程中可能出现的最大流量。在设计渠道和建筑物时留有余地,按加大流量校核其最大过水能力。加大流量和最小流量对续灌渠道有意义。

二、灌溉渠道水量损失

灌溉渠道在输水过程中,部分流量由于渠道渗漏、水面蒸发等原因,沿途损失掉,不能进入田间为农作物所利用。这部分流量叫 $Q_{损}(Q_e)$。

(一)类型和成因

(1)输水损失包括:①渗水损失,渠底、边坡孔隙中渗漏;②漏水损失,由于地质、施工、管理造成;③水面蒸发,占渗漏量的5%,一般不计。

$$\eta_c = \frac{Q_1 + Q_2 + Q_3}{Q_{g干}} \tag{6-3}$$

式中 η_c——输水损失系数;

Q_1、Q_2、Q_3——渗水损失、漏水损失和水面蒸发;

$Q_{g干}$——干渠毛流量。

在规划设计时,一般只考虑第一种情况。这就是设计灌区的 $\eta_水$ 小于实际 $\eta_水$ 的原因。

(2)影响渗水损失的主要因素:

①土壤性质、断面形式、渠中水深。

②水文地质条件(地下水埋深及出流条件)。

③渠道的工作制度（连续输水或间歇输水）。

④渠道淤积情况。

⑤衬砌。

（3）渗流阶段。

①自由渗流：自由渗流分为湿润渠道下部土层阶段和渠道下形成地下水峰阶段，当渠道渗水不受地下水影响时的渗流叫自由渗流。

②顶托渗流：当渠道渗水受地下水位的顶托影响时的渗流叫顶托渗流。一般指地下水峰上升至渠底，地下水、地面水连成一片。

③出现的条件：大型连续工作的渠道，地下水埋藏较浅。

（二）渠道渗水损失计算

（1）一般用经验公式计算。

①自由渗流下渠道损失计算：

$$\delta = \frac{A}{100} Q_{\mathrm{n}}^{\mathrm{m}} \qquad (6\text{-}4)$$

式中　δ——每千米渠道输水损失系数；

　　　A——渠底土壤透水系数；

　　　m——渠底土壤透水指数；

　　　Q_{n}——渠道净流量，m^3/s。

土壤渗透性参数 A、m 可以根据实测资料求得。缺乏资料的地区可参考表6-1中的数值。

表6-1　土壤渗透性参数

渠床土质	土壤透水性	透水系数 A	渗水指数 m
重黏土及黏土	弱透水性	0.70	0.30
重黏壤土	中弱透水性	1.30	0.35
中黏壤土	中等透水性	1.90	0.40
轻黏壤土	中强透水性	2.65	0.45
沙壤土及轻沙壤土	强透水性	3.40	0.50

损失流量：

$$Q_1 = \frac{Q_{\mathrm{n}}}{\eta_{\mathrm{c}}} - Q_{\mathrm{n}} = \left(\frac{1 - \eta_{\mathrm{c}}}{\eta_{\mathrm{c}}}\right) Q_{\mathrm{n}} \qquad (6\text{-}5)$$

式中　Q_1——渠道输水损失流量，m^3/s。

$$Q_1 = \delta L Q_{\mathrm{n}} = \frac{A Q_{\mathrm{n}} L}{100 Q_{\mathrm{n}}^m} \qquad (6\text{-}6)$$

式中　δ——同前，用小数表示；

　　　L——渠道长度，km。

令 $S = 10 A Q_{\mathrm{n}}^{1-m}$，$\mathrm{L}/(\mathrm{s \cdot km})$，则 S 已经制成表格6-2，可查用。

表 6-2 渠道输水损失

渠道净流量/ (m³/s)	每千米渠长的输水损失量/(L/s)				
	弱透水性 $m=0.3$ $A=0.7$	中下透水性 $m=0.35$ $A=1.3$	中等透水性 $m=0.4$ $A=1.9$	中上透水性 $m=0.45$ $A=2.65$	强透水性 $m=0.5$ $A=3.4$
0.051~0.060	0.9	2.0	3.3	5.4	8.0
0.061~0.070	1.0	2.2	3.7	5.9	8.7
0.071~0.080	1.1	2.5	4.0	6.4	9.3
0.081~0.090	1.2	2.6	4.3	6.8	9.8
0.091~0.100	1.3	2.8	4.6	7.3	10.0
0.101~0.120	1.5	3.1	5.0	7.9	11.0
0.121~0.140	1.7	3.4	5.6	8.6	12.0
0.141~0.170	1.9	3.8	6.2	9.7	13.0
0.171~0.200	2.2	4.3	6.9	10.6	15.0
0.201~0.230	2.4	4.7	7.6	11.6	16.0
0.231~0.260	2.6	5.1	8.2	12.2	17.0
0.261~0.300	2.9	5.6	8.8	13.1	18.0
0.301~0.350	3.2	6.0	9.6	14.2	19.0
0.351~0.400	3.5	6.6	10.0	15.4	21.0
0.401~0.450	3.8	7.3	11.0	16.4	22.0
0.451~0.500	4.2	7.9	12.0	17.5	23.0
0.501~0.600	4.6	8.7	13.0	19.0	25.0
0.601~0.700	5.2	9.7	15.0	20.8	27.0
0.701~0.850	5.8	10.9	16.0	22.8	30.0
0.851~1.000	6.5	12.3	18.0	25.0	33.0
1.001~1.250	7.1	13.9	20.0	28.2	36.0
1.251~1.500	8.7	15.7	23.0	31.2	40.0
1.501~1.750	9.9	18.3	26.0	34.8	43.0
1.751~2.000	11.0	19.3	28.0	37.0	46.0
2.001~2.500	12.0	22.0	31.0	41.0	51.0
2.501~3.000	14.0	24.3	35.0	46.0	57.0
3.001~3.500	16.0	27.1	39.0	50.0	62.0
3.501~4.000	18.0	30.0	42.0	54.0	66.0

续表 6-2

渠道净流量/ (m^3/s)	每千米渠长的输水损失量/(L/s)				
	弱透水性 $m = 0.3$ $A = 0.7$	中下透水性 $m = 0.35$ $A = 1.3$	中等透水性 $m = 0.4$ $A = 1.9$	中上透水性 $m = 0.45$ $A = 2.65$	强透水性 $m = 0.5$ $A = 3.4$
4.001~5.000	20.0	34.0	47.0	60.0	72.0
5.001~6.000	23.0	38.1	53.0	68.0	80.0
6.001~7.000	26.0	43.0	58.0	74.0	87.0
7.001~8.000	29.0	47.0	64.0	80.0	93.0
8.001~9.000	31.0	51.0	69.0	86.0	99.0
9.001~10.000	32.0	55.0	74.0	91.0	105.0
10.001~12.000	34.0	61.0	81.0	98.0	112.0
12.001~14.000	42.0	68.0	89.0	100.0	122.0
14.001~17.000	48.0	76.0	98.0	120.0	134.0
17.001~20.000	54.0	86.0	109.0	132.0	147.0
20.001~23.000	60.0	94.0	120.0	144.0	153.0
23.001~26.000	66.0	102.0	130.0	152.0	168.0
26.001~30.000	72.0	110.0	139.0	162.0	180.0

②顶托情况下,输水损失:

$$Q' = rQ_1 \tag{6-7}$$

③衬砌渠道渗水损失:

$$Q''L = \beta Q_1$$

或

$$Q''L = \beta Q'L \tag{6-8}$$

(2)用经验系数估算输水损失水量。

①渠道水利用系数:某渠道净流量和毛流量的比值。

$$\eta_c = \frac{Q_n}{Q_g} \tag{6-9}$$

任一渠道,首端是毛流量,分配给下级各渠道流量的总和为净流量。

②渠系水利用系数:同时工作的各级渠道水利用系数的乘积。

$$\eta_{渠系} = \eta_干 \eta_支 \eta_斗 \eta_农 \tag{6-10}$$

反映整个渠系水量损失情况。对于设计阶段,反映灌渠的自然条件和工程技术状况。对于已建灌渠而言,还反映了灌渠管理水平。一般大的灌渠、较小的灌渠,渠系水利用系数小。

③田间水利用系数:实际灌入田间的有效水量和末级固定渠道放出的水量的比值。

$$\eta_f = A_农 \frac{m_n}{W_{农净}} \qquad (6\text{-}11)$$

式中　$A_农$——农渠的灌溉面积,亩;

　　　m_n——净灌水定额,m³/亩;

　　　$W_{农净}$——农渠供给田间的水量,m³。

η_f 是反映田间工程状况和灌水技术水平的重要指标。旱田 $\eta_f = 0.90$,水田 $\eta_f = 0.95$。

④灌溉水利用系数:指实际灌入农田的有效水量和渠首引入水量的比值。

$$\eta_0 = A \frac{m_n}{W_g} \qquad (6\text{-}12)$$

式中　A——某次灌水全灌区的灌溉面积,亩;

　　　m_n——净灌水定额,m³/亩;

　　　W_g——某次灌水渠首引入的总水量,m³。

一般情况下,在设计灌区时,以设计流量设计灌水定额代替上述数值。

由此可知:

$$Q_L = Q_g - Q_n = Q_g - \eta_c Q_g = Q_g(1 - \eta_0) \qquad (6\text{-}13)$$

选择了经验系数后,可根据净流量计算毛流量。

三、渠道的工作制度

(一)轮灌与续灌

渠道的工作制度就是渠道输水的工作方式,分为轮灌和续灌。

轮灌:同一级渠道在一次灌水延续时间内轮流输水的工作方式叫轮灌,实行轮灌的渠道称为轮灌渠道。

(1)实行轮灌的优点:①缩短了各条渠道的输水时间,同时工作的渠道长度较短,减少了损失水量;②有利于耕作,提高了效率。

(2)实行轮灌的缺点:加大了渠道的流量,增加了渠道工程量,干旱季节影响用水单位均衡受益。

(3)适用:大、中型灌区斗、农渠道。

(4)轮灌分组:分组集中轮灌、分组插花轮灌。

续灌:在一次灌水延续时间内,自始至终连续输水的渠道称为续灌渠道。这种输水工作方式称为续灌,一般情况下,面积较大的灌区干、支渠为续灌,面积较小的灌区各级渠道均为续灌。

(二)渠道轮灌与管道轮灌的不同

管道系统支管轮灌,并没有加大管道流量,而是按设计流量进行轮流灌水。渠道轮灌是在加大流量的基础上,把整个灌区的净流量集中先灌某个轮灌区,再灌另一个轮灌区,以便减少灌水时间,减少输水损失。

划分轮灌组应注意的问题:

(1)各轮灌组控制面积基本相等。

(2)输水能力与来水相适应。

（3）同一组的渠道集中，便于管理。

（4）照顾农业生产和群众用水习惯。

注意：管道轮灌是一次灌水时间一定，在轮灌周期内分几组轮灌，轮灌分组为 T_c/t 组。而渠道轮灌是在一次灌水时间内，全灌区都灌完水，充分利用灌水周期，在 t 时间内，将总时间 t 分成几部分，按面积的比例分配轮灌时间，在一个轮灌组内，按面积比例分配流量。

四、渠道设计流量推算

（一）轮灌渠道设计流量推算

1. 特点

一般情况下，斗、农渠为轮灌渠道。

2. 目的

通过典型支渠及其以下各级流量的计算，求得支渠的渠系水利用系数，以便推广到全灌区。

3. 步骤

（1）选择轮灌制度。设同时工作的斗渠数为 n，同时工作的农渠数为 k，一条支渠下，同时工作的农渠数为 $n×k$。

（2）确定各级渠道最大的工作长度。一般为该级渠道的进水口至最远一组轮灌组的平均位置处的长度。

（3）确定支渠灌至田间的净流量。斗、农渠道的流量不是由本身的控制面积决定的，而是由支渠所控制的面积和轮灌制度所决定的。①由支渠自上而下向农渠分配净流量；②由农渠净流量自下而上加入输水损失，求出农、斗、支渠的毛流量。

具体方法如下：

$$Q_{支田净} = A_支 q_设 \tag{6-14}$$

式中　$Q_{支田净}$——支渠灌至田间的净流量，m^3；

　　　$A_支$——支渠的灌溉面积，亩；

　　　$q_设$——设计灌水率，$\mathrm{m}^3/(\mathrm{s} \cdot 万亩)$。

则每条农渠的田间净流量：

$$Q_{农田净} = \frac{Q_{支田净}}{nk} \tag{6-15}$$

式中　$Q_{农田净}$——农渠灌至田间的净流量，m^3；

　　　n——同时工作的斗渠数；

　　　k——同时工作的农渠数。

农渠净流量：

$$Q_{农净} = \frac{Q_{农田净}}{\eta_田} \tag{6-16}$$

式中　$Q_{农净}$——农渠净流量，m^3；

　　　$\eta_田$——田间渠系水利用系数。

（4）计算支渠以下各级渠道的设计流量。

①农渠毛流量：

$$Q_{农毛} = Q_{农净} + \frac{S_农 L_农}{1\ 000} \tag{6-17}$$

式中　$S_农$——农渠每千米的渗水量，L/（s·km）；

　　　$L_农$——农渠的工作段长度，取农渠长的 1/2，km。

斗渠净流量：

$$Q_{斗净} = kQ_{农毛}$$

式中　$Q_{斗净}$——斗渠净流量，m³；

　　　$Q_{农毛}$——农渠毛流量，m³。

②斗渠毛流量：

$$Q_{斗毛} = Q_{斗净} + \frac{S_斗 L_斗}{1\ 000} \tag{6-18}$$

式中　$Q_{斗毛}$——斗渠毛流量，m³；

　　　$S_斗$——斗渠每千米的渗水量，L/（s·km）；

　　　$L_斗$——斗渠的工作长度，km。

③支渠毛流量：

$$Q_{支净} = nQ_{斗毛} \tag{6-19}$$

式中　$Q_{支净}$——支渠净流量，m³。

$$Q_{支毛} = Q_{支净} + \frac{S_支 L_支}{1\ 000} \tag{6-20}$$

式中　$Q_{支毛}$——支渠毛流量，m³；

　　　$S_支$——支渠每千米的渗水量，L/（s·km）；

　　　$L_支$——支渠的工作长度，km。

（5）求该支渠的渠系水利用系数和灌溉水利用系数：

$$\eta_{支渠系} = \frac{Q_{农毛}nk}{Q_{支毛}} \tag{6-21}$$

式中　$\eta_{支渠系}$——支渠的渠系水利用系数。

$$\eta_{支灌溉} = \frac{Q_{支田净}}{Q_{支毛}} \tag{6-22}$$

式中　$\eta_{支灌溉}$——支渠的灌溉水利用系数。

此种方法具有典型意义，可推广到全灌区，利用该系数求得其他支渠的毛流量。

注意：当支渠以下，斗、农渠控制面积不等时，要按面积比例把支渠以下的田间净流量分到各渠道，再从下往上逐级推算。

（二）推算续灌渠道干、支渠的流量

续灌渠道一般分段计算。

1. 特点

干、支渠续灌，断面要变化，各级渠道的输水时间和灌区灌水延续时间相同。

2. 目的

通过各段损失计算,求得各段的毛流量。

3. 步骤

(1) BC 段毛流量:

$$Q_{BC} = (Q_3 + Q_4) + (1 + \sigma_3 L_3) \tag{6-23}$$

(2) AB 段毛流量:

$$Q_{AB} = (Q_2 + Q_{BC})(1 + \sigma_2 L_2) \tag{6-24}$$

(3) OA 段毛流量:

$$Q_{OA} = (Q_1 + Q_{AB})(1 + \sigma_1 L_1) \tag{6-25}$$

例:已知某灌区总面积为 6 万亩(包括沟、路、渠占地,不包括村屯占地),灌溉土地利用系数按 0.8 计,净灌溉面积 4.8 万亩。灌区有 1 条干渠,长 5.7 km,下设 4 条支渠,各支渠长度及净灌溉面积见表 6-3。全灌区土壤、水文地质等自然条件和作物种植情况相近,3 支渠

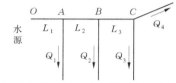

图 6-1 续灌渠道干、支渠的流量推算示意

灌溉面积适中,可作为典型支渠。该支渠有 6 条斗渠,斗渠间距 800 m,长 1 800 m。每条斗渠有 10 条农渠,农渠间距 200 m,长 800 m。干、支渠实行续灌,斗、农渠实行轮灌。渠系布置及轮灌组划分情况见图 6-1。该灌区作物是水稻,设计灌水率 $q_{设} = 0.7$ m³/(s·万亩)。灌区土壤为中黏壤土。试推求干、支渠的设计流量。

表 6-3 各支渠长度及净灌溉面积

渠道	1 支	2 支	3 支	4 支	合计
长度/km	4.2	4.6	4.0	3.8	
灌溉面积/万亩	1.08	1.56	1.15	1.01	4.80

解:(1) 推求典型支渠(3 支渠)及其所属斗、农渠的设计流量。

① 计算农渠的设计流量。3 支渠的田间净流量为

$$Q_{3支田净} = A_{3支} q_{设} = 1.15 \times 0.7 = 0.805 (\text{m}^3/\text{s})$$

斗、农渠实行轮灌,分两个轮灌组,同时工作的斗渠数是 3,每条斗渠上同时工作的农渠数是 5,农渠的田间净流量为

$$Q_{农田净} = \frac{Q_{支田净}}{nk} = \frac{0.805}{3 \times 5} = 0.053\ 7 (\text{m}^3/\text{s})$$

设田间水利用系数为 $\eta_{田} = 0.95$,则农渠的净流量为

$$Q_{农净} = \frac{Q_{农田净}}{\eta_{田}} = \frac{0.053\ 7}{0.95} = 0.056\ 5 (\text{m}^3/\text{s})$$

已知灌区土壤为中黏壤土,查表 6-1 得到相应的土壤透水性参数:$A = 1.90, m = 0.40$,代入式(6-4)可计算农渠每千米输水损失系数:

$$\delta_{农} = \frac{A}{100Q_{农净}^{m}} = \frac{1.90}{100 \times 0.056\,5^{0.4}} = 0.06$$

农渠的最大工作长度取 1/2 的农渠长度,即 $L_{农} = 0.40\,km$,其设计流量(毛流量)为

$$Q_{农设} = Q_{农净}(1 + \delta_{农}L_{农}) = 0.056\,5 \times (1 + 0.06 \times 0.40) = 0.057\,9(m^3/s)$$

也可通过查表 6-2,近似求得农渠的设计流量:

$$Q_{农设} = Q_{农净} + S_{农}L_{农}/1\,000 = 0.056\,5 + 3.3 \times 10^{-3} \times 0.4 = 0.057\,8(m^3/s)$$

②计算斗渠的设计流量。一条斗渠上同时工作的农渠数是 5,斗渠的净流量等于 5 条农渠设计流量之和,即

$$Q_{斗净} = 5Q_{农设} = 5 \times 0.057\,9 = 0.289(m^3/s)$$

斗渠的平均工作长度:

$$L_{斗} = 1.4\,km$$

斗渠每千米输水损失系数为

$$\delta_{斗} = \frac{A}{100 \times Q_{斗净}^{m}} = \frac{1.90}{100 \times 0.290^{0.4}} = 0.031\,2$$

斗渠的设计流量为

$$Q_{斗设} = Q_{斗净}(1 + \delta_{斗}L_{斗}) = 0.290 \times (1 + 0.031\,2 \times 1.4) = 0.303(m^3/s)$$

也可通过查表 6-2,近似求得斗渠的设计流量:

$$Q_{斗设} = Q_{斗净} + S_{斗}L_{斗}/1\,000 = 0.290 + 8.8 \times 10^{-3} \times 1.4 = 0.302(m^3/s)$$

③计算典型支渠 3 支渠的设计流量。

支渠的平均工作长度 $L_{支} = 3.2\,km$,斗渠分两个轮灌组,一条支渠上同时工作的斗渠是 3 条,所以支渠的净流量为 3 条斗渠设计流量之和,即

$$Q_{支净} = 3Q_{斗设} = 3 \times 0.303 = 0.909(m^3/s)$$

支渠每千米输水损失系数为

$$\delta_{支} = \frac{A}{100Q_{支净}^{m}} = \frac{1.9}{100 \times 0.909^{0.4}} = 0.019\,7$$

支渠的设计流量为

$$Q_{支设} = Q_{支净}(1 + \delta_{支}L_{支}) = 0.909 \times (1 + 0.019\,7 \times 3.2) = 0.966(m^3/s)$$

也可通过查表 6-2,近似求得支渠的设计流量:

$$Q_{支设} = Q_{支净} + S_{支}L_{支}/1\,000 = 0.909 + 18 \times 10^{-3} \times 3.2 = 0.967(m^3/s)$$

(2)计算 3 支渠的灌溉水利用系数。

$$\eta_{3支} = \frac{Q_{3支田净}}{Q_{3支设}} = \frac{0.805}{0.966} = 0.833$$

(3)计算 1、2、4 支渠的设计流量(略)。

①计算 1、2、4 支渠的田间净流量。

$$Q_{1支田净} = A_{1支} \times q_{设}$$
$$Q_{2支田净} = A_{2支} \times q_{设}$$
$$Q_{4支田净} = A_{4支} \times q_{设}$$

②计算 1、2、4 支渠的设计流量。

$$Q_{1支设} = \frac{Q_{1支田净}}{\eta_{3支水}}$$

$$Q_{2支设} = \frac{Q_{2支田净}}{\eta_{3支水}}$$

$$Q_{4支设} = \frac{Q_{4支田净}}{\eta_{3支水}}$$

(4)推求干渠各段的设计流量(略)。

五、渠道最小流量和加大流量的计算

(一)最小流量计算

以修正灌水率图的最小灌水模数作为设计渠道最小流量的依据,计算的方法与设计流量的方法相同。

把 q_{min} 代入公式,求得 $Q_{支田净}=q_{min}A_支$。

根据典型支渠的灌溉水利用系数,推求各支渠的最小毛流量,进一步可推得各干渠的最小毛流量。

(二)加大流量计算

计算公式:

$$Q_j = JQ_d \tag{6-26}$$
$$Q_{加大} = JQ_设 \tag{6-27}$$

式中　Q_j、$Q_{加大}$——渠道加大流量,m^3/s;

　　　J——流量加大系数(%);

　　　Q_d、$Q_设$——渠道设计流量,m^3/s。

直接在干、支渠设计流量基础上扩大一个系数即可。

六、渠道流量进位规定

为了在设计渠道时计算方便,渠道的设计流量要求具有适当的尾数,见表6-4。

表6-4　渠道流量进位规定　　　　　　　　　　单位:m^3/s

渠道流量范围	进位要求的尾数	渠道流量范围	进位要求的尾数
>50	1.0	<2	0.05
10~50	0.5	<1	0.01
2~10	0.1		

第四节　灌溉渠道纵横断面设计研究

各级渠道的设计流量计算出来后,就可以根据流量推求渠道的纵横断面。灌溉渠道的纵横断面设计是互为条件、互相联系的,不能分开,往往纵横断面设计交替进行,反复比

较后,才能确定合理的方案。

合理的纵横断面除了满足输水、配水要求,还应满足渠道稳定条件,包括纵向稳定和平面稳定。

纵向稳定:不冲不淤,或在一定时期内冲淤平衡。

平面稳定:边坡稳定,水流不左右摇摆。

一、渠道纵横断面设计原理

灌溉渠道一般为正坡明渠,在相邻两个分水口之间,忽略蒸发损失和渗漏损失,渠道内的流量是个常数。如果断面比降相同、结构相同、糙率相同,则过水断面、水深、流速也沿程不变,表明渠中水在重力作用下运动,沿流动方向的分量与阻力平衡,这种流态称为明渠均匀流,在建筑物附近一般影响范围很小,可在阻力局部水头损失中考虑。因此,渠道的设计原理就是采用明渠均匀流公式,即

$$v = C\sqrt{Ri} \tag{6-28}$$

式中 v——渠道平均流速,m/s;

C——谢才系数;

R——水力半径,m;

i——渠底比降。

谢才系数常用曼宁公式计算,即

$$C = \frac{1}{n}R^{\frac{1}{6}} \tag{6-29}$$

式中 n——渠床糙率系数;

其他符号意义同前。

$$Q = AC\sqrt{Ri} \tag{6-30}$$

式中 Q——渠道设计流量,m³/s;

A——渠道过水断面面积,m²。

二、梯形渠道横断面设计方法

渠道设计要求工程量小、投资少。

在 Q、i、n 不变的情况下,如何使 A 最小,或者 A 一定时,使 Q 最大,也就是通过比较 Q、i、n、A 四者关系,利用明渠均匀流公式,求出水力最佳断面。

一般情况下,在 Q、i、n 一定的情况下,当过水断面为圆形时,A 最小,因此半圆形断面是水力最佳断面,但是土渠很难修成半圆形,是不稳定的,因此采用接近半圆形的梯形断面。

(一)渠道设计依据

(1)渠底比降 i。在坡度均匀的渠段内,两端渠底高差和渠段长度的比值称为渠底比降。有关因素:流量、地形、土质、淤积等。通常情况下,i 越大、Q 越大、v 越大,一般随着设计流量的逐级减小,比降也越来越大,干、支、斗、农渠比降越来越大。

淤沙渠道干渠 $i = 1/2\,000 \sim 1/5\,000$,平原干渠 $i < 1/5\,000$。

注意：在明渠均匀流中，渠底比降 i 与水力坡度 j 一致。

除此以外，比降还应考虑地形坡度、土壤等因素。

在设计工作中，可考虑地面坡度和下级渠道的水位要求初选比降，计算过水断面和水力要素，并校核不冲、不淤流速，不满足再修改比降，重新计算。

（2）渠床糙率系数。它是反映渠床粗糙程度的技术参数。该值要选择合理，否则，影响精度。

有关影响因素包括土质，流量、含沙量，养护施工。

n 值取得过大，计算的过水流量小于实际过流能力，断面过大、占地多。n 值取得过小，过流能力达不到设计流量。

一般情况下，考虑施工、养护情况，按流量划分为下面几个档次（灌渠土渠）：$Q>25$ m^3/s，$n=0.020\sim0.025$；$Q=1\sim25$ m^3/s，$n=0.0225\sim0.0275$；$Q<1$ m^3/s，$n=0.025\sim0.030$。

（3）渠道边坡系数 m。它是反映渠道边坡倾斜程度的指标，其值是边坡在水平向投影长度与垂直向投影长度的比值。m 的取值关系渠坡的稳定，大型渠道通过土工试验和稳定分析确定，中小型渠道根据经验选定。

有关影响因素：土质、水深、挖深等。m 太大占地多，m 太小不稳定。

土越黏，m 越小，水越浅，m 越小。

一般情况下：挖方渠道由渠内水深决定，填方渠道由流量决定。

当挖深>5 m、水深>3 m 时，做稳定分析；

当填方深>3 m、填方高度大于 3 m 时，应通过稳定分析确定边坡系数，有时需在外坡脚处设置排水的滤体。

（4）渠道断面的宽深比（$\alpha=b/h$）。渠道宽深比的选择要考虑如下因素：

在 Q、i、n 一定的情况下，渠道既可修成窄深式，也可修成宽浅式，但它们的施工难度、工程量，断面稳定情况是不同的。

①工程量最小。

水力最优断面：在 i、n 一定的情况下，通过设计流量所需要的最小断面。

水力最优宽深比：在水力最优断面情况下的宽深比，梯形渠道最优宽深比由式（6-31）求得，这时，渠道的土方最小。

$$\alpha_0=2(\sqrt{1+m^2}-m)\qquad(6\text{-}31)$$

式中　α_0——水力最优宽深比；

　　　m——渠道边坡系数。

优缺点：按水力最优断面设计渠道，土方最小，工程量最小。当比较大型的渠道挖深大时，施工困难，受地下水位影响，劳动率低，工程投资反而大，也易冲刷。

使用条件：一般情况下，斗、农渠可采用水力最优断面，但要复核断面稳定情况。

②断面稳定。当渠道过于窄深时，易冲刷；当渠道过于宽浅时，又淤积，也就是影响断面稳定，总有一个合适的宽深比 b/h，达到不冲不淤或冲淤平衡。一般情况下，采用渠道相对稳定的宽深比。

陕西省多沙河流：

$$\alpha = NQ^{\frac{1}{10}} - m \quad (Q < 1.5 \text{ m}^3/\text{s}) \tag{6-32}$$

式中 α——渠道断面的宽深比；

N——渠床糙率系数；

Q——渠道设计流量，m^3/s；

m——渠道的边坡系数。

苏联：

$$\alpha = NQ^{\frac{1}{10}} - m \quad (Q < 1.5 \text{ m}^3/\text{s}) \tag{6-33}$$

式中 N 取值为 $2.6 \sim 2.8$。

美国：

$$\alpha = 4 - m \tag{6-34}$$

或

$$\alpha = 3Q^{0.25} - m = 3Q^{\frac{1}{4}} - m$$

式中 Q——渠道设计流量，m^3/s。

这些公式只是地区经验公式，应用时只作参考。

③有利通航：要求有一定的水面宽度和深度。在有通航要求的情况下，不按流量设计断面。

(5)渠道的不冲、不淤流速。

$$v_{cd} < v_d < v_{cs} \tag{6-35}$$

①$v_{cs}(v_{不冲})$：渠床土粒将要移动而尚未移动时的水流速度。

a.影响因素：

土壤性质：黏土 $v_{不冲}$ 大；

过水断面水力要素：R 大，$v_{不冲}$ 大；

含沙量、衬砌：n 小、沙多，$v_{不冲}$ 大。

b.计算公式：

$$v_{cs} = kQ^{0.1} \quad (\text{m/s}) \tag{6-36}$$

式中 k——耐冲系数。

经验数据：壤土，v_{cs} 为 $0.6 \sim 1.0$ m/s；黏土，v_{cs} 为 $0.75 \sim 0.95$ m/s。

②$v_{cd}(v_{不淤})$：泥沙将要沉积而尚未沉积的渠道水流速。

a.有关因素：断面水力要素、含沙情况。

b.计算公式：

$$v_{cd} = C_0 Q^{0.5} \tag{6-37}$$

式中 C_0——不淤系数，与 Q、b/h 有关。

c.经验数据：$v_{cd} \geq 0.3 \sim 0.4$ m/s。

③冲淤平衡：允许渠道既有冲刷，又有淤积，但是在一定时间（一年）内，渠道仍能保持断面稳定平衡的状态。

冲淤平衡渠道适用于含沙量大的渠底水力计算中。

(二)渠道水力计算

渠道水力计算的任务：求 h、b。

1. 一般断面的水力计算

(1) 假设 b、h 值,选整数 b 值,选 α 后,$h = b/\alpha$,计算得 h。

(2) 计算过水断面的水力要素:

$$A = (b + mh)h \tag{6-38}$$

$$R = \frac{A}{P} \tag{6-39}$$

(3) 计算渠道流量:

$$\left.\begin{array}{l} Q = AC\sqrt{Ri} \\ C = \dfrac{1}{n}R^{\frac{1}{6}} \end{array}\right\} \tag{6-40}$$

式中　A——过水断面面积,m^2;

　　　b——断面渠底宽,m;

　　　R——断面水力半径,m;

　　　P——过水断面湿周,m;

　　　C——谢才系数;

　　　i——渠道底坡;

　　　n——渠道粗糙率。

(4) 校核渠道输水能力。

计算的 Q 值与假设的 b、h 对应,当计算的 $Q = Q_{设}$ 时,假设的 b、h 才是所要求的。

一般:

$$\frac{Q_{设} - Q_{计算}}{Q_{设}} \leqslant 0.05 \tag{6-41}$$

(5) $v_{校核}$ 满足不冲不淤。试算比较麻烦,在实际工作中,编出小程序,减少试算过程,比较简单。

2. 水力最优梯形断面的水力计算

(1) 计算渠道的设计水深:

$$h_d = 1.189\left[\frac{nQ}{(2\sqrt{1+m^2} - m)\sqrt{i}}\right]^{\frac{3}{8}} \tag{6-42}$$

(2) 计算渠道设计底宽:

$$b_d = \alpha_0 h_d \tag{6-43}$$

(3) 校核流速:

$$\alpha_0 = 2(\sqrt{1+m^2} - m) \tag{6-44}$$

式中　h_d——渠道的设计水深,m;

　　　b_d——渠道的设计底宽,m。

$v = Q/A$,如果 $v > v_{不冲}$,说明不满足要求,不能采用水力最优断面;如果满足,先要考虑施工、地下水是否顶托,然后决定是否采用水力最优断面。

3. 多沙河流冲淤平衡的水力计算

对于从多沙河流取水的渠道,设计情况就不能满足不冲不淤条件,一般是夏季含沙量大,冬季含沙量小,因此允许$v_{不淤(夏季)} > v_{不淤(冬季)}$,如果以夏季为标准,到了冬季,就会引起冲刷,同样,以冬季为标准,夏季会淤积,要解决这个矛盾,就要使夏季的淤积量与冬季的冲刷量相等,或在一年内冲淤平衡。目前是在探索阶段(理论方面),在实践中,总结的经验公式如下:

$$v_0 = 0.546 h^{0.64} \tag{6-45}$$

式中　v_0——临界流速,m/s,稳定渠道断面的平均流速;

　　　h——渠道水深,m。

把该公式推广到其他地区,乘以泥沙粒径变化系数 M,$M = V/V_0$,则有 $v_0 = 0.546 Mh^{0.64}$(经验公式),M 在渠首段取 1.1,M 在渠尾段取 0.85。

(三)渠道过水断面以上部分的有关尺寸

(1)渠道加大水深。渠道通过加大流量时的水深称为加大水深。计算原理和求正常水深相同,但是在 b 已知的情况下,一般也是试算或查诺模图求得。

$$\left. \begin{array}{l} Q = AC\sqrt{Ri} \\ A = (b + mh)h \\ C = \dfrac{1}{n} R^{\frac{1}{6}} \end{array} \right\} \tag{6-46}$$

如果采用水力最优断面,可直接计算:

$$h_j = 1.189 \left[\frac{nQ_i}{(2\sqrt{1 + m^2} - m)\sqrt{i}} \right]^{\frac{3}{8}} \tag{6-47}$$

式中　h_j——渠道加大水深,m。

(2)安全超高。为了防止风浪引起渠水漫溢,挖方渠道渠岸和填高渠道堤顶要高于加大水位。

$$\Delta h = \frac{1}{4} h_j + 0.2 \tag{6-48}$$

$$D = h_j + 0.3 \tag{6-49}$$

(3)堤顶宽度。如果与道路结合,要按相关要求取值。

三、渠道横断面结构

灌溉渠道的横断面一般分为三种:

①挖方渠道:设计水位线低于地面,不宜采用隧洞;

②填方渠道:渠道过低地带或坡度很小地带,渠底高于地面;

③半挖半填渠道:介于二者之间,属于比较好的断面。

(一)挖方渠道

(1)选择合理的边坡系数 m。

(2)大型渠道每隔 3~5 m 高设一平台,平台宽 1~2 m,并修排水沟。如结合道路,按道宽确定平台宽度,边坡系数 m 应按稳定计算确定。

(3)注意施工质量。$m_1 > m_2$。

(二)填方渠道

(1)堤顶宽 d：堤顶宽度应根据稳定分析、管理及交通要求确定，667 hm^2 及以上灌区的干、支渠堤顶宽度不应小于 2 m，斗渠、农渠不宜小于 1 m；667 hm^2 以下灌区可减小。渠道堤顶兼做交通道路时，其宽度应满足车辆通行要求。干、支渠 1~3 m（h_j+0.3 m）。

(2)超高：

$$\Delta h = \frac{1}{4}h_j + 0.2 \qquad (6-50)$$

式中 Δh——超高，m；

h_j——渠道加大水深，m。

(三)半挖半填渠道

(1)挖方边坡系数 m_1>填方边坡系数 m_2。

(2)考虑沉陷影响 10% 损耗。

(3)$B \geqslant (5~10)(h-x)$。

为了保证渠道的安全稳定，半挖半填渠道的堤底宽度 B 应满足 $B \geqslant (5~10)(h-x)$。

半挖半填渠道的挖方部分可为筑堤提供土料，而填方部分则为挖方弃土提供场所。当挖方量等于填方量时，工程费用最少。挖填土方相等时的挖方深度 x 可按下式计算：

$$(b + m_1 x)x = (1.1 ~ 1.3)2\alpha\left(d + \frac{m_1 + m_2}{2}\alpha\right) \qquad (6-51)$$

式中 B——渠道堤底宽度，m；

b——渠道底宽，m；

x——渠道挖方深度，m；

m_1、m_2——相应的边坡系数。

系数 1.1~1.3 是考虑土体沉降而增加的土方量，砂质土取 1.1，壤土取 1.15，黏土取 1.2，黄土取 1.3。

农渠及以下的田间渠道，为使灌水方便，应尽量采用半挖半填断面或填方断面。

(4)尽量按填挖相等时，计算挖方深度 x。

土质越黏，系数越大（沉陷量越大）。

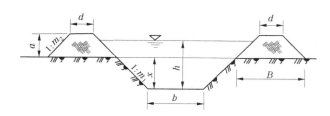

图 6-2 半挖半填渠道示意

(5)$d = 1~3$ m。

四、渠道的纵断面设计

灌溉渠道满足两方面的要求:①输送设计流量——横断面;②满足水位控制——纵断面。

纵断面设计任务:根据灌溉水位要求确定渠道的空间位置,先确定不同桩号的设计水位,再确定渠底、堤顶、最小水位等。

(一)灌溉渠道的水位推算

为了满足自流灌溉的要求,各级渠道入口处都应具有足够的水位,这个水位是根据面积控制点高程加上各种水头损失,自下而上逐级推算来的,水位公式如下:

$$H_{进} = A_0 + \Delta h + \sum L_i i_i + \sum \psi_i \tag{6-52}$$

式中　$H_{进}$——渠道、进水口处的设计水位,m;

　　　A_0——地面参考点高程,如 $I > i_{地}$,进口附近难控制;$I < i_{地}$,尾端难控制;

　　　Δh——控制点地面与附近末级固定渠道水位高差,常取 0.1~0.2 m;

　　　L——渠道长度,m;

　　　i——渠道底坡;

　　　ψ_i——局部水头损失,m。

一般情况下,可推求各支渠分水口要求的水位(斗、农渠按标准半填、半挖断面设计)。

(1)求各支渠分水口要求的水位

$$H_{分} = A_0 + \Delta h + \sum L_i i_i + \sum \psi_i \tag{6-53}$$

每支渠选 3~5 个参考点,得 $H(1)$、$H(2)$、$H(3)$、$H(4)$各支渠要求的水位。

(2)绘制干渠水面线。尽量使各支渠水位满足要求,各点均在干渠水面线之下,底坡尽量接近地面坡降或适当比降。

(3)由干渠水面线向下推支渠水面线。按已选定的支渠比降,求得支渠水面线,并考虑水位衔接。

(二)灌溉渠道纵断面的水位衔接

处理渠道与建筑物、上下级渠道、上下段渠道之间的关系。

(1)断面变化时,渠段的水位衔接:①改变宽深比、下游底宽;②改变上游渠底高程;③上下游反坡坡降为 0.15~0.20。

由于沿途分水,流量逐渐变小,为了保持水面线平顺,采用改变过水断面的方法。水位一致、渠底变化,根据水源水位可抬高上游水位。

(2)渠道遇到特殊地形(或建筑物)时,水位衔接;当遇局部陡坡,可布置成跌水、陡坡形式,水面线变化了 ΔH。

(3)上下级渠道水位衔接与节制闸。一是以设计水位为标准,上下级渠道按设计流量设计,确定渠底后,上下级渠道均通过最小流量时,上游水位不能满足下级要求,因此,上级渠道要建节制闸,一般干渠节制闸控制一个支渠,而支渠节制闸控制多个斗渠。斗渠按设计流量设计,当支渠通过流量小于设计流量时,水位不能满足斗渠要求,因此应建支渠节制闸,水平延伸至支渠设计水面线。二是以最小水位配合标准,抬高上级渠道的最小水位,使上下级之间的最小水位差等于水闸的水头损失,来确定上级渠道的渠底高程和设计水位。

(三) 渠道纵断面图的绘制

1. 内容

(1)地面高程线。

(2)设计水面线。

(3)渠底高程线。

(4)最低水位线。

(5)堤顶高程线。

(6)分水口位置。

(7)渠系建筑物位置。

(8)水头损失。

(9)渠底比降。

2. 步骤

(1)按不同桩号绘制地面、高程线:根据平面布置图测得的纵断点和测得的桩号高程点,按不同桩号绘制出地面高程线。

(2)按比例点绘制地面高程线:在方格纸上建立直角坐标系,横坐标表示桩号,纵坐标表示高程。根据渠道中心线水准测量成果,按一定比例点绘出地面高程线。

(3)标分水口和建筑物位置:在地面高程线上方,用不同符号标出各分水口和建筑物的位置。

(4)绘渠道设计水面线:根据水源水位、地面坡度、分水点要求、建筑物损失求得设计水面线,该水面线的比降 J 与地面坡度 i 相差较少,且取整数,干、支渠比降可逐渐变大,斗、农渠比降不变。

(5)绘渠底高程线:根据水面比降,确定渠底比降 $i=J$,以渠道设计水深为间距,绘设计水面线的平行线,在变断面处,要考虑渠底尽量不出现倒坎现象或倒坎较小。

(6)绘最小水面线(干、支渠):在横断面设计的基础上(b 已定),以渠道最小水深为间距,画渠底线的平行线。

(7)绘堤顶高程线:从渠底线向上,以加大水深、安全超高和间距,作渠底线的平行线,此即渠道的堤顶线。

(8)标桩号、高程标准:在图下方绘一表格,标高程、水源的桩号。

(9)标比降。

(10)土方计算。

第七章　农业灌溉自动化控制系统研究

自动灌溉控制系统是将计算机技术、检测技术、传感技术、通信技术、节水灌溉技术、施肥技术、农作物栽培技术及节水灌溉工程的运行管理技术有机结合起来,通过计算机程序,构筑成集土壤水分、作物生长信息和气象等资料于一体的自动监测系统,并依据各设备回传的检测结果来决定灌溉量与灌溉时间的自动调控系统,广泛应用于大田、温室的作物灌溉中。

第一节　自动灌溉控制系统基础研究

一、自动灌溉系统的工作原理

自动灌溉系统由中央控制计算机、传感器、数据采集系统、电磁阀及软件系统组成,制定各自相应的灌溉制度(最适宜作物生长、生育的土壤含水率指标上下限,灌溉区域的风速值、雨量值),并通过传感器将测得的土壤墒情实时传输给中央控制系统,由计算机判断是否需要灌溉。当土壤含水率指标小于设定的下限值时,计算机自动打开电磁阀灌溉;当土壤含水率指标大于设定的上限值时,控制系统将自动关闭相应的田间电磁阀,停止灌溉。

二、自动灌溉系统的特点

自动灌溉系统主要有以下特点:

(1)自动灌溉系统采用先进的全自动反冲洗过滤系统,组装简单,反冲洗次数少,抗腐蚀能力强,自动清洗效果好。

(2)自动灌溉系统采用先进的水肥混合技术,可自由设定施肥时间和管道冲洗时间,施肥均匀性高,浓度可调,根据作物种类和生长的不同阶段进行调节,使用方便。

(3)自动灌溉系统除全自动控制外,还允许管理人员采用半自动、手动等控制方式,控制方式多样化,适应多样化的管理。

(4)自动灌溉系统采用的是智能决策灌溉,杜绝了人工开启阀门的随意性,保证了灌溉精度,方便对农作物灌溉、施肥的管理。

(5)自动灌溉系统由于采用自动灌溉控制,可很好地保证灌溉时间、灌溉水量、灌溉精度,使灌水量得到了有效的保证。

(6)应用自动灌溉系统,由于电磁阀的开启均由中央监控室统一管理,可节省大量的劳动力,从而大大节省了人力成本。

三、自动灌溉系统的分类

自动灌溉系统按控制的物理量可分为时间型、压力型、空气湿度型、土壤湿度型、雨量型和综合型等。

(一)时间型

时间型自动灌溉系统控制的物理量为灌水时间,既可以通过预先设定好的开启时间和关闭时间自动运行,比如:每天 08:00～09:00,16:00～17:00 运行。也可以预先设定好开启时间和关闭时间的间隔,比如在育苗中使用的微喷灌,为了保持一定的湿度,在不使用空气湿度传感器的情况下,设定开启 10 s、关闭 5 min 连续运行的方法就可基本满足要求。

此类控制器制造简单,使用方便,成本低,适用范围广,能以较少的投资提高生产效率。

(二)压力型

压力型自动灌溉系统控制的物理量为灌溉系统管道中的压力,目的是提高灌水均匀性,一般与变频控制器结合使用。对于使用压力相同的灌溉系统,只需在系统中布置一个压力传感器;对于有几种使用压力的系统,需要根据情况在控制器处对每种压力进行设定。

此类控制器较复杂,成本较高,一般在对灌水均匀性要求较高的场合下使用。

(三)空气湿度型

空气湿度型自动灌溉系统控制的物理量为空气湿度,目的是控制空气中的湿度,为作物生长创造适宜的环境,一般与微喷灌结合使用。此类系统在温室、大棚中应用较多,特别是育苗,与控制时间的第二种方式类似,但更准确。一般是在控制器中设定空气湿度的最大值、最小值,通过空气湿度传感器探测空气湿度,当空气湿度达到最小值时,启动微喷灌系统加湿;当空气湿度达到最大值时,关闭微喷灌系统。

此类控制器较简单,使用方便,但目前应用较少。

(四)土壤湿度型

土壤湿度型自动灌溉系统控制的物理量为土壤湿度,目的是控制土壤中的含水量,一般与滴灌、渗灌系统结合使用。此类系统应用较广,可在大田、温室大棚中使用,与空气湿度控制系统类似,也是在控制器中设定土壤湿度的最大值、最小值,通过土壤湿度传感器探测土壤的含水量。当土壤湿度达到最小值时,启动灌溉系统;当土壤湿度达到最大值时,关闭灌溉系统。

此类控制器较简单,使用方便,但与时间型控制器相比,成本较高。

(五)雨量型

雨量型自动灌溉系统控制的物理量为降水量,目的是控制灌水量,一般与喷灌、微喷灌结合使用。通过雨量传感器采集灌溉降水量,当达到设定值时,关闭系统。

(六)综合型

综合型自动灌溉系统就是同时控制上述物理量中的几种,达到综合控制和较高的自动化程度。如时间+压力、时间+压力+空气湿度(土壤湿度/雨量)、时间+空气湿度(土壤湿度/雨量),一般在程序中设定好开启、关闭系统的条件,当某个量或几个量满足条件时就执行动作。

按控制系统的复杂程度又可分为简易型、多路控制型和中央计算机控制型。

(1)简易型。此种类型一般适合小面积使用。比如时间型多为 1 路输出,控制 1 台设备(水泵、电磁阀等);空气湿度(土壤湿度/雨量)型一般为 1 路采集信号,1 路或 2 路控制信号。

(2)多路控制型。此种类型有多路输入、输出信号,能控制多台设备,适合较大面积使用,一般可控制几十亩至数百亩,与微机控制型相比,虽然操作不太直观、方便,但基本能满足自动控制的要求,且价格较低,适合目前我国的国情,应用前景较好。

(3)中央计算机控制型。此种类型使用中央计算机作为控制主机,配合编制的软件,能非常直观地进行操作、控制,多路控制型可作为其子系统,根据需要可以无限扩展子系统,适于大面积应用。该系统可通过微机的软件输入数据,并能显示各个设备的状态和数据,还能保存这些数据,为决策提供参考。将与植物需水相关的气象参数(温度、相对湿度、降水量、辐射、风速等)通过自动电子气象站反馈到中央计算机,中央计算机会自动决策当天所需灌水量,并通知相关的执行设备,开启或关闭某个子灌溉系统。除以上控制器外,还有对单个部件进行控制的系统,如过滤器控制器。由于节水灌溉,特别是滴灌和微喷灌,所用的灌水器内部水流道尺寸较小,水中存在各种杂质,容易堵塞,所以要配套合适的过滤器,过滤器在使用过程中自身也容易堵塞,造成进出口的压力差,当这个压力差的值较大时,通过的水量就不能满足灌溉的要求,有时甚至会使过滤器爆裂,要经常对过滤器进行清洗。但是,人工清洗的方式不能很好地掌握时间,也影响了系统的使用,于是就出现了能自动清洗的过滤器。还有对施肥进行精确控制的控制器,它能通过传感器采集土壤中的盐分含量或植物体内的营养成分,判断所需补充的肥料种类和施肥量,当达到设定值时,就启动相关设备进行施肥。

第二节　农业自动灌溉系统方案设计与运行操作研究

一、测量参数

在进行自动化灌溉控制时,不同的作物对水分的需求量是不一样的,土壤温度也是决定是否灌溉的一个重要参数。因此,在设计时,测量参数需考虑土壤水分和土壤温度。

(一)土壤水分测量

土壤水分是土壤的重要组成部分,土壤水分的测量是实施节水灌溉、按需灌溉的基础。目前,适宜用于自动灌溉控制系统中的土壤水分测量方法为负压式传感器法。用负压式传感器法来测量土壤的水分,具有田间原位测定、快速直读、不破坏土壤结构、价格低廉、无放射性物质、安全可靠、便于长期观测和积累田间水势资料等优点,是一种低成本的直接测量方法,能够连续测量土壤含水量。

(二)土壤温度测量

控制系统中对于土壤温度的测量要求不是很高,因此在进行系统设计时要求选择一个价格低、性能好、电路简单、具有一定精度的温度传感器。目前,常用的测温传感器有热电偶、热电阻、热敏电阻和半导体集成温度传感器等。在实际应用中,半导体集成温度传感器由于具有小型化、线性好、低成本、易于电路设计或控制电路接口等优点,最适合用在控制系统中测量土壤温度。

另外,至于其他的参数,如土壤盐分、作物叶面蒸腾量等,在测量参数已足够和简化系统、降低成本的前提下,可以不用测量。

二、传感器数量

针对土壤情况不同,需要的传感器数量也不同。有的土壤一致性好,只需一个传感器测量土壤墒情;有的土壤一致性差,需要多个传感器来测量土壤墒情。同时,土壤的面积有大有小,也决定了需要不同数量的传感器。一般在设计时连接 3 个负压式土壤水分传感器、一个温度传感器。

三、作物缺水判断

不同的作物对水分的需求是不同的,周围环境不同,作物的需水量也会有所不同;即使同一作物,在不同生长阶段对水分的需求也不同。因此,作物缺水判断是控制系统通用性设计中的一个难点。在设计时,控制仪器则应具有允许操作者通过键盘设定判断土壤缺水标准的功能。对不同作物,农业专家可凭经验设定不同的判断值来实现作物按需灌溉。这样,不仅能充分利用农业专家的经验,还可以使自动化灌溉控制仪器适用于许多不同作物,提高了仪器的通用性。

四、灌溉控制方式

目前,我国各个设施农业中灌溉系统的水源状况不一样,有的采用电机控制水流,有的采用水泵加压后才能进行灌溉,有的采用电磁阀代替手动阀门控制水流灌溉。因此,控制系统在设计时要考虑控制信号的通用性,既能控制电机、水泵,又能控制电磁阀。设计时,这三种输水设备均是通过接通电源工作的,因此可在输水设备的电源线上加一个开关,由控制系统来控制开关的闭合,即可实现由控制系统完成灌溉的自动化控制。

不同土壤的渗水能力也不同,砂土的渗水能力强,而黏土的渗水能力较弱。在灌溉时,如果是黏土土壤,因为水分不能及时渗入土壤深层,致使土壤吸力传感器不能准确判断土壤是否已经灌溉结束,导致实际浇水量已足够而系统设备仍在浇灌,没有达到节水的目的。因此,在设计时,考虑到不同土壤的渗水能力,可设计几种不同的灌溉方式,针对不同的土壤选择不同的与之相适应的灌溉方式,以保证能够达到节水的目的。

五、系统软件设计

系统软件在整个系统运行中起着核心的作用。在设计时,系统软件采用 WEB 界面的 C/S 软件结构。逻辑上,系统由界面子系统、监控子系统、通信子系统、内存数据库管理子系统构成。界面子系统主要是将测控仪送来的当前土壤水分和温度检测结果通过数码管显示出来;监控子系统根据设定的自动灌溉条件自动开、关灌区电磁阀门,完成自动灌溉;通信子系统则是将设定的各项参数值发送给测控仪,并接收测控仪发送来的检测数据。

在进行软件设计时,应充分考虑各种农作物的灌溉制度,在确定各农作物的生育期及土壤含水量和灌水定额的基础上进行软件设计,以便在应用系统时,用户可直接在计算机内输入农作物的相关信息,系统则可准确地计算出各农作物的适宜土壤含水量和每次的灌水额,用于指导系统的准确运行。

六、自动灌溉控制系统的组成

自动灌溉控制系统由传感器、远程控制单元(remote terminal unit,简称 RTU)及控制器组成,如图 7-1 所示。

传感器可监测风向、风速、太阳辐射、气温、湿度和降雨等日常天气状况。传感器定时把数据反馈到控制器中。中央控制系统通过追踪土壤水分蒸发、蒸腾总量和其他传感数据对天气状况监控做出反应,并按实际天气状况自动修改灌溉程序。在降雨的时候,减少或停止灌水;在天气炎热的时候,自动增加灌水量。

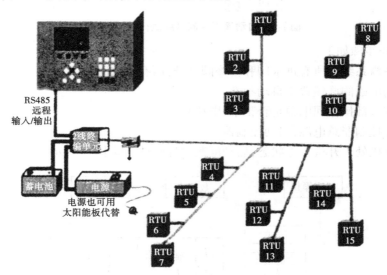

图 7-1　自动灌溉控制系统组成示意

整套系统的"心脏"是控制器,它控制整个系统。控制器有一个特殊的界面通过RS485 通信方式与 2 线 RTU 连接,2 线 RTU 界面与所有 RTU 单元通信,并且为这些 RTU提供电源。

远程控制单元(RTU)具有与控制器通信的能力,它把从控制器收到的命令转出或者把收集到的信息发回控制器。

控制器的核心是 2 芯单电缆系统,就是利用 2 芯单电缆来连接半径 10 km 范围内的远程控制单元,从而连接控制系统中的阀门及水表。

输出为控制 2 线 12 V 直流脉冲型电磁头,输入为干接触式,整个系统设计为低能耗直流系统,它甚至可以通过太阳能来运行。

一台控制器可以连接几条电缆线,每一条电缆线最多可以连接 60 个 RTU。控制器会不停地扫描这些 RTU。

七、自动灌溉控制系统运行操作

灌溉系统运行时的操作步骤如图 7-2 所示。

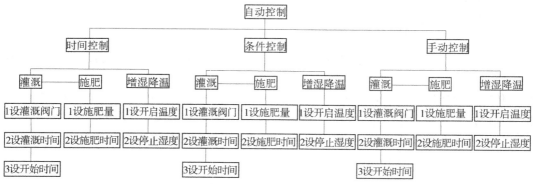

图 7-2 自动灌溉控制系统运行操作步骤

具体操作步骤如下：

（1）将灌溉系统中所有进水阀和检修阀打开，所有排水阀关闭。

（2）田间电磁阀旋钮置于自动状态。

（3）检查首部操作间电源是否正常，电压是否稳定，水泵是否正常工作。

（4）打开控制器总电源，启动控制器。

（5）计算机处于开机工作状态，启动灌溉管理软件，如图 7-3 所示。

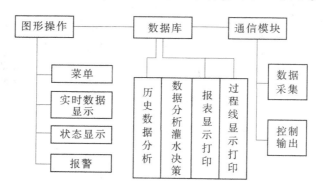

图 7-3 自动灌溉控制系统管理软件运行示意

（6）编辑灌溉程序，设定灌溉时间和开始时间，设定施肥量和施肥时间，设定喷雾开启温度和停止湿度。

（7）当到达灌溉时间时，田间对应的灌区按照计算机指令自动轮灌；当运行完设定的时间后，田间所对应的灌区电磁阀关闭。

（8）计算机存储和打印报表。

第八章　农田智能节水灌溉系统实践研究

水资源日益紧缺,农业灌溉用水占总用水量比例最高。随着农业智能化的发展,越来越多的农田开始采用灌溉控制系统进行灌溉。传统灌溉控制系统一般包括自动灌溉控制器和电磁阀两部分,自动灌溉控制器只简单执行灌溉策略,多采用有线方式控制电磁阀。随着灌溉规模的扩大,采用有线控制方式不可避免地出现安装困难、维护不便和扩展复杂等弊端;基于以上存在的问题,设计开发了田间智能节水灌溉系统,该系统可实现采集土壤墒情、管道压力、管道流量等数据和控制灌溉电磁阀的功能,从而实现精准灌溉、适量灌溉、降低水资源损耗、无人值守和灌溉系统自动化控制的目的。

田间智能节水灌溉系统选择广州市科技计划项目——基于物联网的农业痕量灌溉关键技术研究与开发为例进行介绍。该项目在广州市从化区大坳村(广州市流溪河灌区管理处试验田)建设一处农田示范区,占地面积约为 $2\ 667\ m^2$,其中实施田间智能节水灌溉工程的农田面积为 $667\ m^2$,普通灌溉工程的农田面积约为 $2\ 000\ m^2$。

田间智能节水灌溉系统按实现功能可分为节水灌溉管道系统和灌溉决策控制系统。节水灌溉管道系统在农田示范区建设一套灌溉管道系统及其基础配套设施;灌溉决策控制系统则在节水灌溉管道系统的基础上建立一套集研发和应用试验于一体的智能灌溉决策控制系统。系统总体结构示意如图8-1所示。

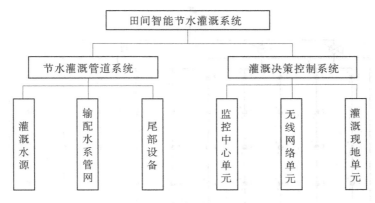

图8-1　系统总体结构示意

第一节　农田节水灌溉管道系统设计过程研究

节水灌溉管道系统主要由灌溉水源、输配水系管网和尾部设备组成。

一、灌溉水源

选取水源是建设农田示范区的必要前提条件,水源主要包括湖泊、河流、水井、水库等,水源应该满足作物在不同生长期内的灌溉用水需求,水质要符合灌溉用水的标准。

水源选取应在农田示范区附近,同时水源周围的地理特征应该便于引水,灌溉用水的选择,并没有特定的量化标准,一般依靠施工人员的经验综合判断地理特点、地质条件因素,并将水质分析与水量平衡分析相结合才能确定。

根据农田示范区现场情况,系统采用 2 L/h 的滴带管对农田示范区部署了一套滴灌管网,滴灌带总长 350 m,滴头间距为 0.5 m,整个系统所需流量 Q 为

$$Q = 350/0.5 \times 2 \text{ L/h} = 1\ 400 \text{ L/h} = 1.4 \text{ m}^3/\text{h}$$

农田示范区已建有供水设备,供水流量为 1.5 m³/h,能够满足农田示范区整个灌溉管网的灌溉需求。

二、输配水系管网及尾部设备

考虑到未来滴灌系统的全覆盖及现有滴灌区域加密农作物数量等情况,系统中采用了 ϕ 33 mm 灌溉管道,便于今后扩大供水范围,而不用更换灌溉管道。灌溉设计具体如下。

(一)地块划分原则

考虑到具体的地形和目前的土块结构,整个试验田划分为 5 块,尾部设备采用 22 mm 的滴灌管道进入地块。具体试验田地块划分如图 8-2 所示。

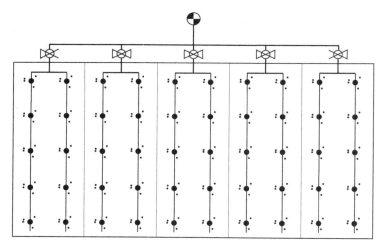

图 8-2　试验田地块划分

(二)滴灌管道布局设计

如图 8-2 所示,滴灌管道从灌溉管道引出,直接引到欲灌溉的地块。示范点的农作物是横向排列,将滴灌管沿着农作物排列方向铺设,一行农作物一根滴灌管拉直,一根滴灌管大概灌溉 35 m 距离。其优点是铺设方便、节省成本且便于除草时移动滴管,并且便于

替换等。

(三)滴灌管道铺设要求

滴灌管道从灌溉管道引出,沿农作物方向铺设,一行农作物一根滴灌管。滴灌管暴露在地表上,避免土壤堵塞滴头,同时避免示范区除草施工时误伤滴灌管。

滴灌管与灌溉管道的连接需要先在支管相应位置打孔,然后用旁通插进孔中,装上滴灌管拧紧即可,最后顺着农作物行拉伸。在滴灌管的另外一头,用堵头堵住滴灌管,防止漏水。滴灌管堵头的安装如图8-3所示。

图 8-3　滴灌管堵头的安装

(四)管网选材和用量计算

由于广州市从化区海拔高度较低,日照时间较长,且滴灌系统处于室外,支管宜采用PVC材质。管网选材和用量如表8-1所示。

表 8-1　管网选材和用量

序号	型号	长度/m	说明
1	ϕ 33 mm 灌溉管道	20	连接各个滴灌管道
2	ϕ 22 mm 滴灌管道	350	5 个区域滴灌管道

第二节　农田灌溉决策控制系统设计过程研究

灌溉决策控制系统主要由现场监控单元及云端监控中心单元组成。灌溉决策控制系统根据农田土壤墒情、管道流量、农田图像和气象等各类实时信息对农作物需水信息精准决策分析,并做出灌溉系统的精确水量控制,从而实现灌溉系统的自动化、智能化。

灌溉决策控制系统以农作物为研究载体,实时监测农作物各层土壤含水量、田间微气象信息,无线采集器将土壤墒情传感器所采集到的数据传输到云端监控中心,系统根据作物需水模型来制定农作物适时适量的精准灌溉策略,控制器在接收到控制命令后,会按照指定的通信协议解析命令帧和数据帧,并完成相应的动作,即打开或关闭电磁阀,完成灌水任务,同时向监控中心反馈电磁阀的工作状态。

系统设立一个云端监控中心;无线网关安置于示范田间,田间数据通过无线网关把采集点的数据上传至云端监控中心,气象信息及图像信息通过无线 4G 网络上传到云端监控中心。系统网络拓扑如图 8-4 所示。

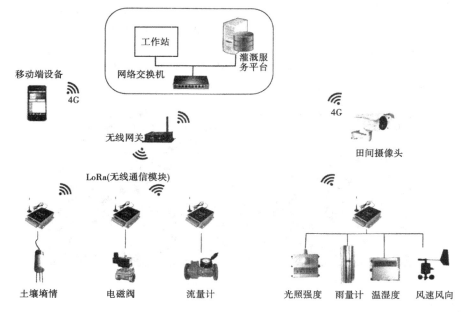

图 8-4　系统网络拓扑

一、现场监控单元

根据项目要求,在示范区建设视频图像监控点 1 处、田间气象信息监测点 1 处、电磁阀控制点 5 处、土壤墒情监测点 5 处、灌溉管道流量监测点 5 处,示范田两侧平整宽 0.6 m 道路。站点具体分布情况如图 8-5 所示。

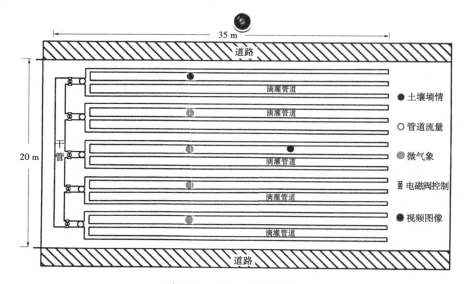

图 8-5　站点具体分布情况

现地监控单元主要由两类监控单元组成:电磁阀控制单元和信息采集单元。

(一) 电磁阀控制单元

电磁阀控制单元(电磁阀控制器)采用太阳能电池板和锂电池供电,在田间采用立杆方式安装,电磁阀控制器可以通过无线网关将电磁阀工作状态上传到云端监控中心管理系统,同时可接收云端监控中心的电磁阀控制指令和参数配置指令。电磁阀控制器如图 8-6 所示。

图 8-6　电磁阀控制器

1. 电磁阀控制器硬件结构

电磁阀控制器应具有极低的待机电流,可在连续阴雨天气下长时间可靠工作。控制器采用模块化设计方案,根据实现功能不同,设计成不同的硬件模块,方便升级及功能扩展,可分为充放电控制模块、核心控制模块、数据采集模块、电磁阀控制模块和 LoRa 无线通信模块。控制器总体硬件结构如图 8-7 所示。

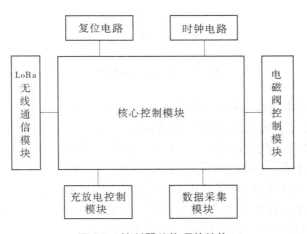

图 8-7　控制器总体硬件结构

（1）充放电控制模块。在整个电路设计中,充放电控制模块的设计是很重要的,有一个性能稳定的充电控制模块是一个电路系统能够正常工作的基本条件。充放电控制模块结构如图 8-8 所示。

图 8-8　充放电控制模块结构

智能控制器是整个智能灌溉控制系统的灌溉执行核心器件,为了使其能够稳定并且不间断运行,及时、准确地控制电磁阀的开关,因此选择太阳能板和蓄电池组合作为其供电电源。而智能控制器电路中所用到的其他模拟、数字电路器件的供电需求都是低电压,包括典型的 3.3 V、5V 和 12 V。因此,需要充电控制模块对太阳能板、蓄电池进行电源电压的转换,来保证智能控制器的供电需求。

（2）核心控制模块。采用 MSP430 作为核心控制器,基本电路包括晶振、看门狗及远程复位、外部接口(I/O 接口、外部中断接口、串口扩展 TTL 或 RS232、串口扩展 RS485、SPI 接口、I2C 接口)、电源、扩展本地基础 Flash 存储、扩展 EEPROM 和 RTC 时钟。核心处理模块结构如图 8-9 所示。

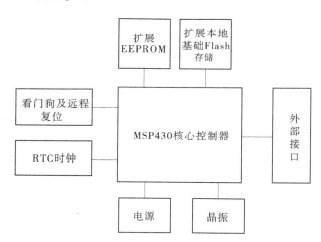

图 8-9　核心处理模块结构

（3）数据采集模块。数据采集模块是无线采集器的核心模块,主要接入墒情传感器3~6 路,智能水表 1 个,预留温湿度、风速风向、管道流量计。传感器电源可单独控制开关,通信接口采用 485 总线星形连接。数据采集模块结构如图 8-10 所示。

（4）电磁阀控制模块。电磁阀控制模块的控制信号通过光电隔离后驱动继电器,通过继电器控制电磁阀开关,同时流量开关的反馈信号也经过光电隔离后传递给单片机,防止电磁阀启闭对控制电路造成干扰。同时流量传感器的脉冲信号通过光电隔离后接入单片机的外部终端,可对灌溉量进行测量。电磁阀控制模块结构如图 8-11 所示。

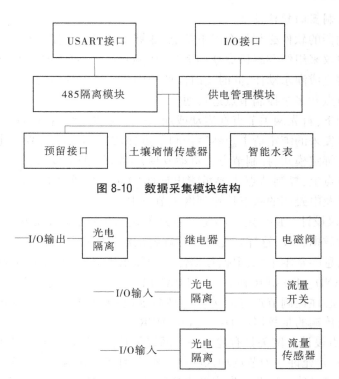

图 8-10　数据采集模块结构

图 8-11　电磁阀控制模块结构

（5）LoRa 无线通信模块。LoRa 无线通信模块采用 M100C 通信模块。M100C 通信模块具有远距离、低功耗、抗干扰能力强、便于部署应用等特性,模块采用 LoRa 扩频调制技术,具有极高的灵敏度,通信距离可达 1~10 km。M100C 通信模块提供了丰富的外围接口,包括 SPI、USART、ADC、GPIO、I2C 等,无线通信模块结构如图 8-12 所示。

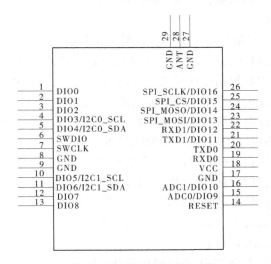

图 8-12　无线通信模块结构

2. 电磁阀控制器的软件设计

电磁阀控制器的软件必须具有以下功能:能够接收来自监控中心发送的命令帧,并按照指定的通信协议来组织和解析命令帧消息,按照具体消息的内容,打开或关闭电磁阀,在规定的时间内完成灌水动作,同时实时向监控中心反馈电磁阀的工作状态。因此,系统采用一个网关节点和多个控制节点进行通信。

通信过程如下:首先网关节点在启动或加入一个无线网络后,被置于允许绑定模式来响应从控制节点发来的绑定请求。然后控制节点在成功加入网关节点建立的网络后,由于网关处于允许绑定模式,控制节点将自动发现并绑定到网关设备,它将开始报告节点状态数据到网关节点上,控制节点主要负责电磁阀的开关并通过 LoRa 无线通信技术将控制节点的状态以及电磁阀的状态传输到网关节点中去。

(1)通信协议设计。协议定义的是一系列的通信标准,通信双方需要共同按照这一标准进行正常的数据收发,这样才能够相互理解从对方所接收过来的数据。

帧是传送信息的基本单元,根据数据传输的需求不同,系统设计了两种数据帧结构,分别是 COM_MAND_FRAMER 和 DATA_FRAMER,用于监控中心与节点间的数据发送与接收。从监控中心往控制节点方向传输的是命令帧 COM_MAND_FRAMER,从控制节点向监控中心方向传输的是数据帧 DATA_FRAMER。

(2)网关节点设计。网关具有建立一个网络的功能,它会基于协议栈选择一个信道,建立一个新网络,并允许其他节点加入网络。整个网络组建成功后,系统便会开始运行,当网关节点接到来自传感器节点发来的农作物环境参数时,它会将数据传递给监控中心,监控中心采用系统的作物需水量模型对数据进行智能分析,判断农作物是否缺水,进而做出是否进行灌溉控制的命令。

网关节点完成的任务主要有:①初始化协议栈,进行参数设置;②选择信道,建立新网络;③开启绑定功能,允许其他节点加入和离开网络,分配网络地址,维护网络拓扑;④周期性地查询其他在网节点的状态;⑤接收灌溉控制命令并根据命令的内容做出相应处理。具体流程如图 8-13 所示。

(3)控制节点设计。控制节点主要实现数据发送和电磁阀的控制两个功能。当完成系统初始化后,控制节点启动,会自动寻找并加入网关网络,同时网关将控制节点的地址发送给监控中心。监控中心根据地址对该设备进行登记后,该设备节点的数据才能被监控中心所接收;否则,监控中心将不处理该地址的数据,在注册后,监控中心才能向该节点发送命令。监控中心向控制节点发出灌溉开始或灌溉停止的命令,控制节点在收到命令后,会按照指定的通信协议解析帧信息,若网络地址为广播地址,则开始打开全部阀门并打开定时器确定灌水时间;若网络地址不是广播地址,则需进一步将目的地址与网络地址进行匹配。若地址匹配,打开对应的电磁阀门进行灌水,同样需要确定灌水时间;若地址不匹配,则丢弃该帧信息,设备进入休眠状态。当灌水时间到,则关闭电磁阀。当监控中心向控制节点发出灌溉状态查询的命令时,控制节点在收到命令后,反馈电磁阀的当前工作状态。具体程序流程如图 8-14 所示。

控制节点的具体工作流程是:①协议栈初始化,进行参数设置以及硬件、软件的初始化;②加入网络;③根据设备的地址向监控中心注册设备,方便监控中心管理所有在网的

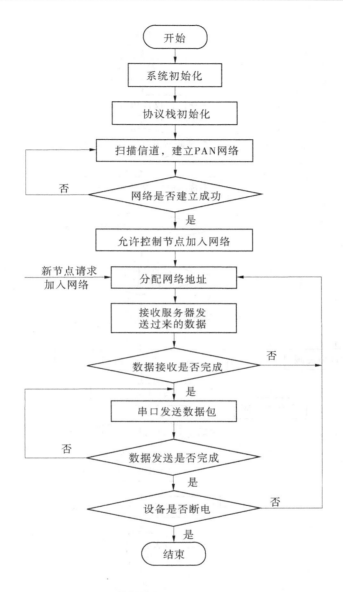

图 8-13　网关节点流程

设备节点;④固定周期向上汇报在网的控制节点的状态;⑤接收网关节点转发监控中心发过来的灌溉控制命令,并根据命令做相应处理(是否打开电磁阀);⑥向监控中心汇报电磁阀的工作状态。

3.电磁阀控制器联调分析

1)LoRa 模块通信距离测试

通信距离是衡量本系统性能最重要的指标之一,无线 LoRa 有效的通信距离是保证正常通信的前提。测试采用点对点的通信方式,将网关节点固定,移动控制节点,控制节

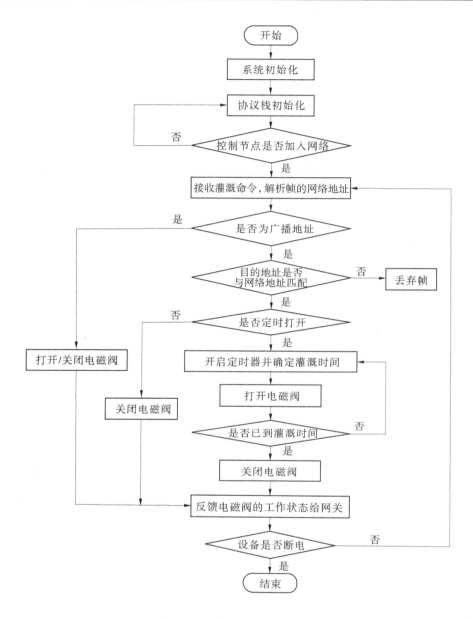

图 8-14 控制节点程序流程

点向网关节点发送数据,节点定时(5 s)发送数据包。测试 LoRa 模块射频中心频率设置为 433 MHz,发射功率为 20 dBm,在两种条件下对接收信号强度 RSSI(received signal strength indicator)和通信成功率两个指标进行点对点测试,测试结果如表 8-2 所示,并根据测试结果绘制出折线,如图 8-15 所示。

表 8-2　LoRa 点对点通信距离测试

通信距离/m	无遮挡空旷地		有遮挡农田地	
	RSSI/dBm	通信成功率(%)	RSSI/dBm	通信成功率(%)
500	−53	100	−59	99
1 000	−56	99	−65	96
1 500	−62	98	−77	95
2 000	−66	97	−85	92
2 500	−73	96	−82	91
3 000	−70	95	−98	89
3 500	−75	93	−109	84
4 000	−83	93	−115	78
4 500	−92	88	−127	75
5 000	−99	82	−139	69

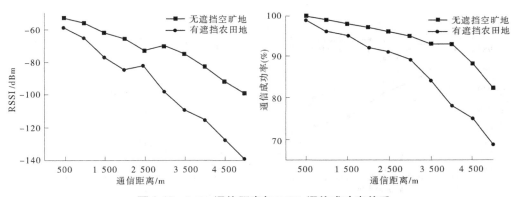

图 8-15　LoRa 通信距离与 RSSI、通信成功率关系

　　从表 8-2 中可以看出,RSSI 在无线网络中表示信号的强度,它随距离的增大而衰减,通常为负值,该值越接近零,说明信号强度越高。在两种测试环境下,接收信号强度和通信成功率随着距离的增加而减小,无遮挡空旷地的通信成功率优于有遮挡农田地的通信成功率,在 2 500 m 的范围内,通信成功率可以达到 90% 以上。从图 8-15 中可以直观看出,在两种测试环境下,随着通信距离的增加,接收信号强度和通信成功率均不断减小,并且在相同测试距离下,无遮挡物环境的测试结果要优于有遮挡物环境,测试结果符合预期判断。虽然从 M100C 无线通信模块的技术手册上看,理想条件下最优通信距离可达 10 km,甚至更远,但是实际应用场景下并不能达到。主要的原因有很多,比如电路板的布局布线带来的干扰、实际使用环境中的地形地貌、天气的影响、天线类型的选取等。

2）LoRa 模块丢包率测试

LoRa 模块丢包率测试环境在 3 km 范围内有遮挡物的条件下进行，测试分为单点通信和多点通信，并且数据包大小分为 15 个字节和 30 个字节，每组收发 1 000 个数据包。

（1）单点通信。在测试环境中，选择一个采集节点定时单向传输数据给汇聚节点，数据包大小分为 15 个字节和 30 个字节，试验结果如表 8-3 所示，并绘制出不同数据包大小情况下丢包率的变化情况，如图 8-16 所示。

表 8-3　单点通信丢包率测试结果

通信距离/m	数据包 15 个字节		数据包 30 个字节	
	接收数据包	丢包率（%）	接收数据包	丢包率（%）
500	996	0.40	981	1.90
1 000	985	1.50	953	4.70
1 500	972	2.80	938	6.20
2 000	947	5.30	914	8.60
2 500	933	6.70	905	9.50
3 000	878	12.20	864	13.60

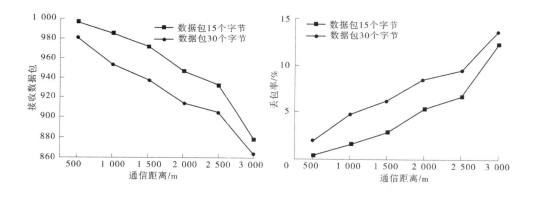

图 8-16　不同数据包情况下丢包率测试结果

从表 8-3 和图 8-16 中可以明显看出，数据包大小对丢包率有明显的影响，在相同的通信距离情况下，数据包越大，丢包率也越高，原因是 30 个字节的数据包比 15 个字节的数据包发送时间间隔要长，因而导致丢包率增加。

（2）多点通信。在测试环境中，选取 3 个采集节点和 1 个汇聚节点，组成一个无线传感器网络，采集节点的同时向汇聚节的点发送数据，数据包大小设定为 15 个字节，每个节点发送 1 000 个。测试结果如表 8-4 所示，并据此绘制出多点通信丢包率的变化趋势，如图 8-17 所示。

表 8-4　多点通信丢包率测试

通信距离/m	接收到数据包			丢包率(%)		
	节点 1	节点 2	节点 3	节点 1	节点 2	节点 3
500	991	988	990	0.90	1.20	1.00
1 000	976	981	979	2.40	1.90	2.10
1 500	950	953	964	5.00	4.70	3.60
2 000	919	922	917	8.10	7.80	8.30
2 500	881	887	892	11.90	11.30	10.80
3 000	862	871	873	13.80	12.90	12.70

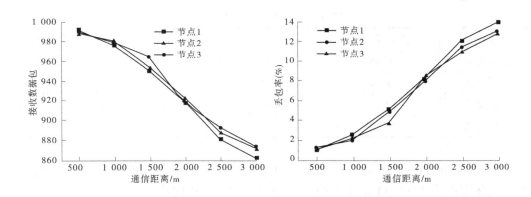

图 8-17　多点通信丢包率测试

　　从表 8-4 测试数据可以估算出,在实际温室环境的应用场景下,当通信距离小于 1.5 km 时,丢包率基本维持在 5% 以内;当通信距离超过 2.5 km,丢包率在 10% 以上,超出本系统要求的最大丢包率,因此不予考虑。图 8-17 反映了随着通信距离增加,丢包率会越来越大,3 个采集节点与汇聚节点之间的通信丢包率也大致一样。从表 8-3 和表 8-4 测试数据对比来看,多点通信的丢包率比单点通信的丢包率要高。

　　从对通信距离和丢包率的测试结果分析来看,随着无线通信距离的增加,丢包率会明显上升,数据包的大小对丢包率也有一定的影响,数据包越大,相对应的丢包率就会增加。因此,在实际的农业温室环境监测系统中,要合理地设计采集节点到通信节点之间节点部署的距离,同时尽量减少单个数据包的字节数,以期达到最佳的无线数据的传输目的。

　　3)LoRa 无线模块功耗测试

　　本系统的器件选型和电路设计主要是围绕远距离和低功耗两个目标来进行的。因此,需要对 M100C 无线通信模块在不同运行模式下进行功耗的测试。测试主要器材有直流稳压电源、测试电阻、万用表、示波器等,测试示意如图 8-18 所示。

　　测试时,供电电压按照标准的 3.3 V 供电。为了方便精确地测试电流值,在 LoRa 模

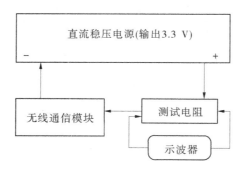

图 8-18　LoRa 无线模块功耗测试示意

块的电源输入端串联一个电阻,通过电阻两端的电压差值除以电阻值得到电流值。同时考虑到不同模式下的电流值差距较大,因此需要选择合适的电阻值。LoRa 无线模块各状态下的功耗测试如表 8-5 所示。

表 8-5　LoRa 无线模块功耗测试

参数	参考电流/mA	实测电流/mA	实测功率/mW	工作条件
系统上电	10.0~15.0	14.52	47.916	工作电压 3.3 V、发射功率 20 dBm、中心频率 433 MHz
发射模式	120.0	137.70	454.410	
接收模式	12.0	12.50	37.950	
休眠模式	2.5	2.37	7.821	

从表 8-5 中可以看出,发射电流和接收电流略高于预期的参考值,属于正常值的范围,同时休眠电流 2.37 mA 低于预期值,总体上,LoRa 模块的功耗达到预期目标。

4. 电磁阀控制器技术参数

电磁阀控制器技术参数如表 8-6 所示。

表 8-6　电磁阀控制器技术参数

序号	项目	性能参数
1	软件特性	(1)采用 LoRaWAN 通信协议; (2)串口数据透明传输; (3)配合 LoRa 扩频调制技术,通信距离可达 1~10 km; (4)采用低功耗串口,睡眠模式下可正常收发数据,无须唤醒; (5)支持串口升级、无线升级; (6)波特率可调、输出功率可调、射频速率可调; (7)支持节点间点对点通信
2	硬件特性	(1)接收灵敏度-142 dBm; (2)支持最大 20 dBm 射频功率输出,并在 0~20 dBm 可调

续表 8-6

序号	项目	性能参数
3	接口类型	(1)具有"上电"指示灯; (2)标准 SMA 天线接口,特性阻抗 50 Ω; (3)2 个 12 V 受控电源输出,单路额定电流 2 A,总额定电流 3 A,高电平触发通电(可用于正反接供电、对外输出等)
4	供电	(1)供电电源:DC 12 V; (2)供电范围:DC 5~40 V; (3)静态值守电流:≤13 mA; (4)工作电流:≤40 mA; (5)瞬时动作电流:200 mA
5	其他参数	(1)工作温度:0~80 ℃; (2)工作湿度:≤80%

(二)信息采集单元

　　信息采集单元(无线采集器)主要采用太阳能电池板和锂电池供电,对田间的气象信息(光照强度、风速风向、温湿度、雨量等)、田间视频图像信息、灌溉管道流量信息、田间土壤墒情信息进行采集,其中灌溉管道流量信息、田间土壤墒情信息是通过无线采集器(核心模块见前文所述,此处不再赘述)将数据上传到无线网关与云端监控中心管理系统进行通信,它能将监控中心发送来的数据转换成命令,按照云端监控中心的要求工作;田间土壤墒情采集点如图 8-19 所示。

图 8-19　田间土壤墒情采集点

无线采集器技术参数如表 8-7 所示。

表 8-7　无线采集器技术参数

序号	项目	性能参数
1	软件特性	(1)采用 LoRaWAN 通信协议； (2)串口数据透明传输； (3)配合 LoRa 扩频调制技术,通信距离可达 1~10 km； (4)采用低功耗串口,睡眠模式下可正常收发数据,无须唤醒； (5)支持串口升级、无线升级； (6)波特率可调、输出功率可调、射频速率可调； (7)支持节点间点对点通信
2	硬件特性	(1)接收灵敏度−142 dBm； (2)支持最大 20 dBm 射频功率输出,并在 0~20 dBm 可调； (3)数据存储 Flash 16 MB
3	接口类型	(1)1 个 RS485 串口,串口参数如下： ①数据位:8 位(可选 5、6、7 位)； ②停止位:1 位； ③校验:无校验(可选偶校验、奇校验)； ④串口速率:1 200~460 800 bps (2)Modbus 通信协议； ①具有"上电"指示灯； ②标准 SMA 天线接口,特性阻抗 50 Ω (3)具有如下应用接口： ①2 个模拟量输入接口(16 位 AD、支持 4~20 mA 电流信号输入,可选 0~5 V 电压信号输入)； ②1 个 12 V 受控电源,额定电流 2 A
4	供电	(1)供电电源:DC 12 V； (2)供电范围:DC 5~40 V； (3)静态值守电流:≤13 mA； 工作电流:≤80 mA
5	其他参数	(1)工作温度:0~80 ℃； (2)工作湿度:≤80%

　　气象信息与图像视频信息采用无线 4G 通信将信息发送至云端监控中心。田间微气象站如图 8-20 所示。

图 8-20　田间微气象站

二、云端监控中心单元

云端监控中心单元布设一套物联网痕量灌溉系统,物联网痕量灌溉系统利用物联网协同监测技术,实时监测农作物生态环境参数,建立生态、环境参数与需水量关系模型,利用智能决策技术获得农作物生长最佳需水量和灌溉时间,实现对农作物的适时精细灌溉。物联网痕量灌溉系统功能模块划分如图 8-21 所示。

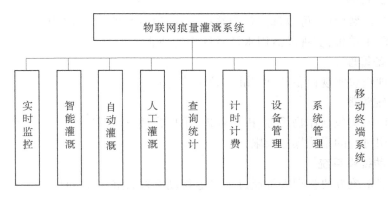

图 8-21　物联网痕量灌溉系统功能模块划分

系统可以将各种资源使用情况进行统计分析,使相关人员及时了解整个系统的相关资源信息,通过统计分析进行合理使用,从而达到省水节能、省工省地的效果。

（一）实时监控

系统以图形用户界面的形式，实时查看 5 个电磁阀控制单元、5 个土壤墒情监测点、5 个水量信息、1 个气象信息监测点（雨量、风速风向、光照、辐射量、温湿度）及 1 个图像监测站点。

（二）智能灌溉

智能灌溉是系统根据农作物需水预测模型、农作物生长阶段及对应作物系数计算出作物需水量，结合土壤墒情阈值、农作物需水量、田块面积来实现智能灌溉的。当系统监测到农作物需要灌溉，系统会自动判断作物灌溉水量、土壤墒情阈值，开启电磁阀；当管道流量计监测到水量达到作物灌溉水量时，就关闭电磁阀。

（三）自动灌溉

自动灌溉即为将农田种植作物固定，在一段时间内执行相同的命令，实现相同的功能下使用，此操作节省人力，使施肥灌溉自动化。在子任务项中可以直观地获取当前的灌溉任务，包括测站状态、测站名称、阀门状态、土壤水分、采集时间、任务状态等。在轮灌组子项中将田间种植结构相同的田块设置为同一个轮灌组，并选择已经设置好的灌溉方案。在轮灌组子项中，可以根据不同农作物设置相应的灌溉方案。

（四）人工灌溉

人工灌溉即为人为手动控制各个阀门，实现灌溉的目的。手动模式适用于在灌溉情况较复杂时，通过人为的干预，达到灌溉的目的。采用此种方式，需要有一定的专业技术知识作为支撑，并实现点选打开设备操作日志的功能。

（五）查询统计

查询统计模块主要由气象信息与灌溉信息两个子模块构成；气象信息模块可以查询田间微气象站（雨量、风速风向、光照、辐射量、温湿度）的信息，并通过图表、表格形式展示出来。灌溉信息模块可以查询统计各个监测点的用水量、土壤墒情，并通过表格形式展示出来。

（六）计时计费

通过计时计费模块，可以选择各个站点、时间段，统计各个站点用水时长、用水量，并可以设置灌溉水单价，实现灌溉用水计时计费的功能。

（七）设备管理

设备管理模块实现设备新增、删除，编辑等功能。

（八）系统管理

系统管理模块包括作物系数、田块管理、用户管理、权限管理等功能，系统可以针对不同用户设置相对应的系统操作权限。

（九）移动终端系统

移动终端系统方便管理人员通过手机等移动终端设备随时随地查看系统信息，远程操作相关设备。

参考文献

[1] 高建国,宋正海.中国近现代减灾事业和灾害科技史[M].济南:山东教育出版社,2008.

[2] 李令福.关中水利科技史的理论与实践[M].北京:中国社会科学出版社,2019.

[3] 郭旭新,樊惠芳,要永在.灌溉排水工程技术[M].2版.郑州:黄河水利出版社,2016.

[4] 中华人民共和国住房和城乡建设部.灌溉与排水工程设计标准:GB 50288—2018[S].北京:中国计划出版社.2018.

[5] 中华人民共和国住房和城乡建设部.节水灌溉工程技术标准:GB/T 50363—2018[S].北京:中国计划出版社,2018.

[6] 中华人民共和国国家质量监督检验检疫总局,中国国家标准化管理委员会.管道输水灌溉工程技术规范:GB/T 20203—2017[S].北京:中国标准出版社,2017.

[7] 中华人民共和国水利部.大中型喷灌机应用技术规范:SL 280—2019[S].北京:中国水利水电出版社,2019.

[8] 中华人民共和国水利部.灌溉与排水工程技术管理规程:SL/T 246—2019[S].北京:中国水利水电出版社,2019.

[9] 中华人民共和国水利部.2018年全国水利发展统计公报[M].北京:中国水利水电出版社,2019.

[10] 中华人民共和国水利部.微灌工程技术标准:GB/T 50485—2020[S].北京:中国计划出版社,2020.

[11] 中华人民共和国水利部.喷灌工程技术规范:GB/T 50085—2007[S].北京:中国计划出版社,2007.

[12] 沈振中,王润英,刘晓青,等.水利工程概论[M].2版.北京:中国水利水电出版社,2018.

[13] 迟道才.节水灌溉理论与技术[M].北京:中国水利水电出版社,2009.

[14] 康绍忠.农业水土工程概论[M].北京:中国农业出版社,2007.

[15] 中华人民共和国水利部.灌溉与排水工程设计标准:GB 50288—2018[S].北京:中国计划出版社,2018.

[16] 中华人民共和国水利部.雨水集蓄利用工程技术规范:GB/T 50596—2010[S].北京:中国计划出版社,2010.

[17] 王维明.浅析闸门自动化监控系统在金鸡拦河闸工程中的应用[J].水利建设与管理,2014,34(4)46-49.

[18] 柳春阳,李凯,李青权.自动化监控技术在黄沙港闸的应用[J].江苏水利,2014(12):40-41,44.

[19] 徐宁斯,高强,李泉,等.闸群自动化监控系统在水利信息化中的应用研究——以海珠区闸群自动化监控系统为例[J].信息技术与信息化,2014(10):103-105.

[20] 林昭生.闸门远程自动化监控系统的设计探讨[J].科技与创新,2014(12):8-9.

[21] 侯海燕.闸门启闭机自动化监控实施方案[J].中国农村水利水电,2013(12):139-140.

[22] 吴家祺,陈意.短信技术在水情通信系统中的应用[J].水电厂自动化,2017,38(4):32-34,38.

[23] 许佳.水情自动测报系统分析与通信方式研究[J].中国水运(下半月),2017,17(6):118-119,196.

[24] 张向磊.农田土壤墒情预测系统设计与研究[D].新乡:河南科技学院,2018.

[25] 孙满利,付菲,沈云霞.土的含水率测定方法综述[J].西北大学学报(自然科学版),2019(2):219-229..

[26] 董杰.无线通信网络在农业灌溉系统中的应用[J].农业网络信息,2009(8):86-88.

［27］ 康妍妍,宋广军.基于 LoRa 传输的农业大棚监测系统设计［J］.自动化与仪表,2019,34(5):23-26.

［28］ 罗嘉龙,刘卫星,陈正铭,等.基于 ZigBee 物联网技术的智能农业灌溉系统设计［J］.电脑知识与技术,2018,14(30):186-189.

［29］ 宋晓丹,周义仁.基于 LoRa 的智能灌溉监控系统在灌区中的应用［J］.人民黄河,2019,41(8):1-6.

［30］ 韩新风.基于 ZigBee 无线传感网络的自动灌溉控制系统设计［J］.绵阳师范学院学报,2019,38(2):23-29.

［31］ 陈天成.基于 ZigBee 农田水肥一体化智能灌溉系统设计［J］.中国设备工程,2018(23):166-168.

［32］ Jensen C S,Soo M D,Snodgrass R T. Unification of temporal data models［J］. Agriculture Water Management,1968(12):69-71.

［33］ Penman H L. Natural evaporation from open water, bare soil and grass［J］. Proceedings of the Royal Society of London,1948,A193:120-146.

［34］ Penman H L. The physical basis of irrigation control［J］. Rep 13th Int. Hort Cong,1953,2:913-923.

［35］ Monteith J L. Evaporation and environment［J］. Symp. Soc. Exp. Biol,1965(19):205-234.

［36］ Kumar M,Raghuwanshi N S,Singh R,et al. Estimating evapotranspiration using artificial neural network［J］. Journal of irrigation and Drainage Engineering,2002,28(4):224-233.